世界儿童经典爱读系列

趣味森林草原动物

主编：崔钟雷

吉林出版集团 JILIN PUBLISHING GROUP
吉林美术出版社 | 全国百佳图书出版单位

前言

QIANYAN

玉不琢，不成器。人不学，不知义。童年是人生中最美好的一段时光。儿时的我们犹如一块纯洁无暇的璞玉，有待于接受精心的雕琢；又如一幅洁白的画卷，等待着谱写美丽的篇章。孩子们的眼中充满着美好而又纯真的幻想，憧憬着广阔而又光明的未来，时刻流露着对大千世界的好奇与向往，他们像一只五彩的蝴蝶在追寻雨露和阳光，像一叶扁舟渴望在知识的海洋中扬帆远航。

21世纪是科技迅猛发展的时代，世界的面貌也将随着知识的拓展而发生转变，素质的全面发展成为未来人才的基本要求。然而知识的探索是永远没有止境的，关键在于我们是否怀有一颗勇于探索的心。作为未来主人翁的小朋友们更应从小培养勇于探索的学习态度。

天上是否会同时出现两个太阳？月亮为什么会有阴晴圆缺？鸵鸟为什么不会飞？孔雀为什么要开屏？浩瀚的宇宙空间是否有神秘的外星生物？中国古老文化又是如何渊源流传的……这一切组成了一部集百家之长于一身，涵盖天文地理、文化科技、动植物王国等诸多领域于一体的《经典爱读》系列丛书。

本丛书吸收了前人的成果，针对中国青少年儿童的阅读习惯和认知规律，将知识的趣味性和实用性充分融合。全书图解详细，说理透彻，全面的内容辅以简明的注音体例，精选了上千幅彩色图片，让孩子们在快乐、轻松的阅读氛围中，架构自己知识的宏图。我们真诚地希望您的孩子在这些科学知识的陪伴下，收获快乐，茁壮成长，度过一个美好又幸福的童年。

编　者

目录

CONTENTS

森林动物

草原动物

目录 CONTENTS

SENLIN DONGWU

森林动物

这里展现着林海的苍莽；

这里演绎着自然的天性；

投身于这片神秘的密林；

斑驳的树影随风摇曳，到处是生命的传奇……

最大的食肉动物——棕熊

zōng xióng shì lù dì shang tǐ xíng zuì dà de bǔ rǔ dòng wù xióng xìng zōng xióng tǐ
棕熊是陆地上体形最大的哺乳动物，雄性棕熊体
zhòng chāo guò gè chéng nián nán zǐ de tǐ zhòng cí xìng jiē jìn qiān kè qí xiù jué
重超过7个成年男子的体重，雌性接进202千克。其嗅觉
jí jiā shì liè quǎn de bèi tā men de shì lì yě hěn hǎo zài bǔ yú shí néng gòu kàn
极佳，是猎犬的7倍，它们的视力也很好，在捕鱼时能够看
qīng shuǐ zhōng de yú lèi zōng xióng de wěn bù bǐ jiào kuān yǒu kē yá chǐ qí
清水中的鱼类。棕熊的吻部比较宽，有42颗牙齿，其
zhōng bāo kuò liǎng kē dà quǎn chǐ hé qí tā xióng kē dòng wù yí yàng tā men yě shì
中包括两颗大犬齿。和其他熊科动物一样，它们也是

中文名：棕熊
英文名：Brown Bear
类别：哺乳动物
科：熊科
分布地：北美洲西部

跎型动物，并长有一条短尾巴。

不过棕熊虽然体形庞大，但通常都比较胆小，有时甚至一个普通人都能吓走它们。然而，正是因此它们才更加危险，棕熊受到惊吓时往往会发动疯狂的攻击，尤其是带着小熊的母熊；另外在捕猎，争抢其他猛兽的食物时，或者交配季节的公熊都会比平时更加凶猛，准确地说是富有攻击性。棕熊是一种适应力比较强的动物，从荒漠边缘至高山森林，甚至冰原地带都能顽强生活。

另外，别看人家外表笨重，它们奔跑的速度可达到每小时60千米，由于耐力甚好，它们可以用这样的速度连续奔跑几千米都没问题。由于人类的缘故，棕熊的数量急剧减少，甚至不少的亚种都已灭绝。

百兽之王——老虎

老虎是猫科动物，它是森林中最强大的食肉动物，是当今森林中处于食物链顶端的食肉动物之一，被贴切地称为“森林之王”。老虎拥有猫科动物中最长的犬齿、最大的爪子，集速度、力量和敏捷于一身。

老虎生性谨慎，它可以捕杀象、牛、野猪、豹子、熊等攻击力很强的动物。老虎一旦发威，将势不可挡。它在自然界中没有天敌，只害怕狩猎的人类。老虎在中国自古以来就被称为“百兽之王”。所以在中国古代，人们常有左龙右虎作为护卫的习惯。因此在中国，虎也逐渐演绎

chéng le jù yǒu shì bù kě dǎng bù kě zhàn shèng bù róng qīn fàn de tè shū yì yì
成了具有“势不可挡，不可战胜、不容侵犯”的特殊意义
de dài míng cí
的代名词。

lǎo hǔ shì yìng huán jìng de néng lì hěn qiáng zhǐ yào shì mǎn zú shí yuán chōng zú
老虎适应环境的能力很强，只要是满足食源充足、
shuǐ yuán chōng pèi chǎng suǒ yǐn bì zhè sān gè tiáo jiàn de huán jìng lǎo hǔ yì bān dōu kě yǐ
水源充沛、场所隐蔽这三个条件的环境，老虎一般都可以
shēng cún lǎo hǔ chǔ yú shí wù liàn de dǐng duān duì shēng tài huán jìng yǒu hěn dà de kòng zhì
生存。老虎处于食物链的顶端，对生态环境有很大的控制
tiáo jié zuò yòng tóng shí duì liè wù de shù liàng biàn huà yě fēi cháng
调节作用，同时对猎物的数量变化也非常
mǐn gǎn suǒ yǐ yǒu lǎo hǔ shēng cún de dì qū bì xū
敏感。所以有老虎生存的地区，必须
yǒu wán zhěng jiàn kāng de shēng tài huán jìng
有完整、健康的生态环境。

中文名：老虎
英文名：Tiger
类别：哺乳类
科：猫科
分布地：亚洲

超级懒汉——树懒

shù lǎn shì bǔ rǔ dòng wù zhōng de yì zhǒng yí gòng yǒu kē shǔ zhǒng tā men
树懒是哺乳动物中的一种，一共有2科2属6种。它们
de wài xíng hé hóu yǒu xiē xiāng sì shēng huó zài rè dài sēn lín zhōng tā men dòng zuò chí
的外形和猴有些相似，生活在热带森林中。它们动作迟
huǎn cháng yòng zhǎo dào guà zài shù zhī shang shù xiǎo shí bù yí dòng háng dòng qi lai dòng
缓，常用爪倒挂在树枝上数小时不移动，行动起来动
zuò yě fēi cháng huǎn màn suǒ yǐ rén men chēng zhī wéi shù lǎn
作也非常缓慢，所以人们称之为树懒。

shù lǎn shì wéi yī shēn shang zhǎng yǒu zhí wù de yě shēng dòng wù tā men suī rán yǒu
树懒是唯一身上长有植物的野生动物，它们虽然有
jiǎo què bù néng zǒu lù kào qián zhī tuō dòng shēn tǐ qián xíng rén men wǎng
脚却不能走路，靠前肢拖动身体前行。人们往
wǎng bǎ xíng dòng huǎn màn bǐ yù chéng wū guī pá qí shí shù lǎn de pá xíng sù
往把行动缓慢比喻成乌龟爬，其实树懒的爬行速
dù bǐ wū guī hái yào màn rú guǒ tā yào
度比乌龟还要慢。如果它要
yí dòng liǎng qiān mǐ de jù lí gū jì yào
移动两千米的距离，估计要
hào fèi yí gè yuè de shí jiān suī rán zǒu
耗费一个月的时间。虽然走
lù de néng lì rú cǐ zhī chà dàn shì zài
路的能力如此之差，但是在
shuǐ li tā men què shì yóu yǒng jiàn jiāng dī
水里它们却是游泳健将。低

中文名：树懒
英文名：Folivora
类别：哺乳动物
科　：树懒科、二趾树懒科
分布地：美洲

rè liàng de shù yè shì shù lǎn zuì xǐ huan de shí wù zhī yī yīn wèi
热量的树叶是树懒最喜欢的食物之一，因为
zhè zhǒng shí wù zhǐ yào chī shàng yì diǎn jiù gòu tā men xiāo huà jǐ
这种食物只要吃上一点，就够它们消化几
gè xiǎo shí de shù lǎn shēng huó zài běi měi zhōu mào mì de rè dài
个小时的。树懒生活在北美洲茂密的热带
sēn lín zhōng yì shēng bú jiàn yáng guāng zhǐ yǒu zài pái biàn de
森林中，一生不见阳光，只有在排便的
shí hou tā men cái huì xià shù rán hòu zài huí dào shù zhī shang qù shuì
时候它们才会下树，然后再回到树枝上去睡
lǎn jiào kě yǐ shuō tā men shì yǐ shù wéi jiā
懒觉，可以说它们是以树为家。

被称为“九节狼”的小熊猫

小熊猫全身呈红褐色，四肢呈棕黑色，体毛长而蓬松，脸为圆形，有白色的斑纹。小熊猫四肢粗短，背部毛色为红棕色，其眼眶和脸颊甚至连嘴周围及胡须都是白色。蓬松的长尾巴十分好看，其棕色与白色相间的结尾环纹非常惹人喜爱，因此又有“九节狼”的称号。

小熊猫体长40厘米～60厘米，体重约6千克。它们生活于海拔2 000米～3 000米的高山林区或竹林区。它们平时栖居在

小熊猫一副小猫似的稚气脸谱，从来看不到愁容，非常惹人喜爱。

shù dòng huò shí dòng zhōng yì bān zài líng
树洞或石洞中，一般在凌
chén hé huáng hūn shí chū dòng mì shí píng
晨和黄昏时出洞觅食。平
shí shù shí zhī jié chéng xiǎo qún huó dòng
时数十只结成小群活动。
suī rán dòng zuò huǎn màn xiǎn de bèn
虽然动作缓慢，显得笨
zhuō dàn pān pá jì shù gāo chāo xiǎo
拙，但攀爬技术高超。小
xióng māo wéi zá shí xìng dòng wù cháng chī
熊猫为杂食性动物，常吃
zhú sǔn yě guǒ nèn zhī yè huò
竹笋、野果、嫩枝叶，或
yǐ xiǎo xíng shǔ lèi xiǎo niǎo kūn
以小型鼠类、小鸟、昆
chóng hé niǎo luǎn wéi shí tā men
虫和鸟卵为食，它们
xǐ huan zài shù zhī shang pān pá
喜欢在树枝上攀爬，

ǒu ěr yě huì wō zài shù zhī shang xiū xi
偶尔也会窝在树枝上休息。
xiǎo xióng māo bù jǐn zài tǐ xíng hé yá chǐ jié
小熊猫不仅在体形和牙齿结
gòu shang yǔ huàn xióng lèi xiāng tóng ér qiě zài zá
构上与浣熊类相同，而且在杂
shí xìng ài qīng jié děng xí xìng shang yì pō xiāng
食性，爱清洁等习性上亦颇相
sì xiǎo xióng māo xìng qíng wēn shùn yì yú sì
似。小熊猫性情温顺，易于饲
yǎng shì dōng yà de tè chǎn dòng wù
养，是东亚的特产动物。

迷你档案馆

中文名：小熊猫
英文名：Lesser Panda
类别：哺乳动物
科：浣熊科
分布地：亚洲

有“洁癖”的浣熊

zài dòng wù yuán lǐ wǒ men cháng huì fā xiàn xǔ duō dòng wù ná qǐ yóu kè rēng gěi
在动物园里，我们常会发现，许多动物拿起游客扔给
tā men de shí wù jiù chī què hěn shǎo kàn jiàn yǒu xiǎo dòng wù zài chī dōng xi qián jiāng shí
它们的食物就吃，却很少看见有小动物在吃东西前，将食
wù qīng xǐ yí xià dàn zài měi zhōu de xiǎo huàn xióng yǒu yì zhǒng jié pì tā men huì
物清洗一下。但在美洲的小浣熊有一种“洁癖”，它们会
zài chī shí wù yǐ qián bǎ shí wù fàng zài shuǐ zhōng chōng xǐ yí xià rán hòu zài fàng dào
在吃食物以前，把食物放在水中冲洗一下，然后再放到
zuǐ li nán dào xiǎo huàn xióng zhēn de shì jiǎng wèi shēng ma
嘴里。难道小浣熊真的是讲卫生吗？

xiǎo huàn xióng shì dān dú de yì kē dòng wù zhǎng de yì diǎn dōu bú xiàng xióng
小浣熊是单独的一科动物，长得一点都不像熊。

它们身躯和四肢都比较细长，鼻子也长长的，脸上有黑斑，身上的毛色很多。浣熊的尾巴又长又粗，而且像小熊猫一样饰有黑白相间的环纹。

迷你档案馆

中文名:浣熊
英文名:Raccoon
类别:哺乳动物
科 :浣熊科
分布地:美洲

人们经过仔细观察发现，浣熊并不是爱清洁才洗食物的，而且就算是洗，它们所用的水也往往是泥水，甚至要比它获得的食物还脏。可见，爱清洁并不是它们洗食物的原因。对此，一些动物学家解释说:“浣熊只是喜欢玩水中的食物，从中它们能得到很多乐趣而已。这样看来，浣熊洗食物并不是因为它讲究卫生，爱清洁，而是它自然习性的一种延伸。

爱睡觉的树袋熊

shù dài xióng cháng nián qī xī zài shù shang tā men zuì xǐ huan jū zhù zài ān shù
树袋熊常年栖息在树上，它们最喜欢居住在桉树
shang ér qiě chī zhù děng yí qiè shì qíng dōu zài ān shù shang jìn xíng shù dài xióng yǒu yí duì
上，而且吃住等一切事情都在桉树上进行。树袋熊有一对
dà ěr duo yǔ tǐ xíng yǒu xiē bú tài duì chèn tā men de bí zi hēi hēi de biǎn píng
大耳朵，与体形有些不太对称，它们的鼻子黑黑的、扁平
de yǔ tā men de dà ěr duo pèi zài yì qǐ xiǎn de fēi cháng kě ài shù dài xióng méi yǒu
的、与它们的大耳朵配在一起，显得非常可爱。树袋熊没有
wěi ba sì zhī cū zhuàng hái yǒu jiān lì de xiǎo zhuǎ zi shù dài xióng xìng qíng wēn shùn
尾巴，四肢粗壮，还有尖利的小爪子。树袋熊性情温顺，
yàng zi yě hěn xiàng xiǎo xióng hān hòu kě ài suǒ yǐ rén men dōu chēng tā men wéi shù
样子也很像小熊，憨厚可爱。所以人们都称它们为“树
xióng wú wěi xióng bǎo mǔ xióng huò wán jù xióng
熊”、“无尾熊”、“保姆熊”或“玩具熊”。

中文名：树袋熊
英文名：Koala Bear
类别：哺乳动物
科：树袋熊科
分布地：澳大利亚

bái tiān shù dài xióng yì bān dōu zài ān shù shang shuì jiào tā men shuì jiào de shí hou
白天，树袋熊一般都在桉树上睡觉。它们睡觉的时候，
xǐ huan juǎn qǐ shēn zi lái bào zhe shù zhī shù dài xióng bú lùn zài shén me shí hou dōu shí fēn
喜欢卷起身子来抱着树枝。树袋熊不论在什么时候都十分
jǐng jué duì shēng yīn jí wéi mǐn gǎn jí shǐ shuì zháo le yì yǒu dòng jìng tā men yě
警觉，对声音极为敏感。即使睡着了，一有动静，它们也
huì hěn kuài cóng shuì mèng zhōng jīng xǐng zài yè wǎn shù dài xióng yì bān fēi cháng huó pō
会很快从睡梦中惊醒。在夜晚，树袋熊一般非常活泼。

shù dài xióng tè bié néng chī bú guò tā men de shí pǔ shì hěn dān yī de zhǐ chī gān
树袋熊特别能吃，不过它们的食谱是很单一的，只吃甘
lù ān shù méi guī ān shù bān ān shù zhè jǐ zhǒng ān shù de yè zi yīn wèi ān shù yè
露桉树、玫瑰桉树、斑桉树这几种桉树的叶子。因为桉树叶
zi li hán yǒu qì wèi fāng xiāng de ān shù nǎo hé shuǐ yīn xiāng tiē suǒ yǐ zài shù dài xióng de
子里含有气味芳香的桉树脑和水茵香萜，所以在树袋熊的
shēn shang zǒng huì yǒu yì zhǒng ān shù yè de qīng xiāng
身上总会有一种桉树叶的清香。

金发贵族——金丝猴

金丝猴是我国的珍稀动物，它们大多分布在我国南部海拔1 400米～3 000米的高山上，它们世世代代都喜欢生活在非常寒冷的环境中。金丝猴喜欢群居生活，通常成群分布，一群金丝猴通常有几百只，它们组成一个大家庭，在这个大家族中有一个猴王领袖，带领着金丝猴过着非常舒适的生活。

金丝猴最大的爱好就是在树林之间跳跃奔跑，它们互相之间通常相处得非常融洽而快乐。在树林里嬉戏的时候，它们总是能够在树枝上或者草丛中发现自己最爱吃的树叶、嫩芽和野果，当然有些时候它

中文名：金丝猴

英文名：Golden Monkey

类别：哺乳动物

科：猴科

分布地：中国

men shèn zhì néng gòu zhǎo dào fēi cháng měi wèi de kūn chóng hé niǎo dàn
们甚至能够找到非常美味的昆虫和鸟蛋。

jīn sī hóu yǒu gè xí guàn jiù shì zài qiǎng duó wán shí wù de shí hou tōng cháng jiāng shí wù sāi rù kǒu zhōng qí shí tā men bìng bú shì zhēn de jiāng shí wù tūn le xià qù ér shì jiāng shí wù chǔ cún zài jiá náng zhī zhōng jiá náng wèi yú jīn sī hóu de kǒu qiāng liǎng cè
金丝猴有个习惯，就是在抢夺完食物的时候通常将食物塞入口中，其实它们并不是真的将食物吞了下去，而是将食物储存在颊囊之中，颊囊位于金丝猴的口腔两侧。

yóu yú zì rán jiè huán jìng de è huà yǐ jí rén tǐ bú duàn de liè shā jīn sī hóu de shù liàng yuè lái yuè shǎo wǒ guó yǒu guān bù mén yīng dāng zhì dìng xiāng guān zhèng cè bǎo hù jīn sī hóu ér rén men yě yīng gāi jī jí de bǎo hù guān ài jīn sī hóu shǐ tā men néng gòu bǎi tuō bīn wēi de è yùn
由于自然界环境的恶化以及人体不断地猎杀，金丝猴的数量越来越少，我国有关部门应当制定相关政策保护金丝猴，而人们也应该积极地保护关爱金丝猴，使它们能够摆脱濒危的厄运。

大眼睛的眼镜猴

眼镜猴最奇特之处在于眼睛，在它小小的脸庞上，长着两只圆溜溜且特别大的眼睛，实际上，它的每一只眼睛重达3克，比它的脑子还重。其眼珠的直径甚至超过了1厘米，和它的小身体很不相称，好像戴着一副特别大的旧式老花镜。所以，人们才给它起了一个十分形象的名字：眼镜猴。

眼镜猴是种体形极小的灵长动物。像其他许多夜间活动的动物一样，它们对危险非常敏感，甚至在休息时，也会睁着一只眼。眼镜

猴的大眼睛，非常适于夜间捕食。它们吃昆虫、青蛙、蜥蜴及鸟类。有一种眼镜猴还能捕食比它们自身大的鸟与毒蛇。眼镜猴的大小如大家鼠，全身呈黄褐色，乍一望去仿佛一只褐家鼠。如按照身体的比例来计算的话，眼镜猴在灵长类动物中可荣获冠军：眼睛最大、耳朵最大、趾骨最长。

眼镜猴现分布于菲律宾的萨马岛、莱特岛、迪纳加特岛锡亚高岛、保和岛和棉兰老岛等岛屿。数量稀少，是濒危物种，受到保护。被认为是全世界最小的猴种。

眼镜猴能身体不动而让头几乎整整转动一圈，这有助于它发现猎物和避开天敌。

中文名：眼镜猴

英文名：Philippine Tarsier

类别：哺乳动物

科：眼镜猴科

分布地：菲律宾

爱吃猕猴桃的猕猴

dà jiā dōu zhī dao　mí hóu shì fēi cháng yōu xiù de mó fǎng
大家都知道，猕猴是非常优秀的模仿
jiā　tā men fēi cháng xǐ huan mó fǎng rén de dòng zuò　dāng tā
家。它们非常喜欢模仿人的动作，当它
men kàn dào rén men xiào shí jiù mó fǎng rén men xiào　kàn dào rén men
们看到人们笑时就模仿人们笑；看到人们
fā chóu yě gēn zhe mó fǎng rén men fā chóu de yàng zi　tā men mó
发愁也跟着模仿人们发愁的样子。它们模
fǎng rén lèi de dòng zuò shí　miàn bù biǎo qíng fēi cháng fēng fù
仿人类的动作时，面部表情非常丰富。
tā men néng gòu yì zhī shǒu zhuō shī zi　lìng yì zhī shǒu shū lǐ máo
它们能够一只手捉虱子，另一只手梳理毛
fà　zuǐ li hái bú duàn de hēng heng　dāng rán　zhè shì tā
发，嘴里还不断地哼哼。当然，这是它
men gāo xìng shí de biǎo xiàn　tā men fā nù shí tōng cháng jǐn suǒ
们高兴时的表现。它们发怒时通常紧锁
méi tóu　cī yá nù mù　bēi shāng shí zé wú jīng dǎ cǎi de suō
眉头，呲牙怒目；悲伤时则无精打采地缩
chéng yì tuán　yí dòng bú dòng
成一团，一动不动。

迷你档案馆

中文名：猕猴
英文名：Rhesus Macaque
类别：哺乳动物
科：猴科
分布地：中国

mí hóu shì wǒ guó cháng jiàn de yì zhǒng hóu lèi
猕猴是我国常见的一种猴类，
tǐ cháng lí mǐ lí mǐ wěi cháng lí mǐ
体长51厘米~63厘米，尾长20厘米~
lí mǐ tóu bù chéng zōng sè bèi shàng bù wéi
32厘米。头部呈棕色，背上部为
zōng huī huò zōng huáng sè xià bù wéi chéng huáng huò
棕灰或棕黄色，下部为橙黄或
chéng hóng sè fù miàn dàn huī huáng sè mí hóu duō
橙红色，腹面淡灰黄色。猕猴多
qī xī zài shí shān qiào bì xī páng gōu gǔ hé jiāng hé
栖息在石山峭壁、溪旁沟谷和江河
àn biān de mì lín zhōng huò shū lín yán shān shang shǔ
岸边的密林中或疏林岩山上，属
qún jū xìng dòng wù yì bān dōu yǒu shí jǐ tóu huò shù
群居性动物，一般都有十几头或数
shí tóu jí qún shēng huó hóu qún dà xiǎo yīn qī xī dì
十头集群生活，猴群大小因栖息地
huán jìng yōu liè ér yǒu bié fán zhí hé quē shí jì jié
环境优劣而有别。繁殖和缺食季节，
wǎng wǎng jí qún dà xiē gù huó dòng fàn wéi yě jiào
往往集群大些，故活动范围也较
dà mí hóu zhǔ yào shēng huó zài rè dài yà rè dài
大。猕猴主要生活在热带、亚热带
hé wēn dài de shān lín qū huò shí shān shang máo
和温带的山林区或石山上，毛
cháng néng nài hán
长能耐寒。

世界上最大的猫——猞猁

猞猁，属食肉目，猫科，主要分布于欧洲的北部、中部、东部、东南部，亚洲的中部、东部等。在我国分布于北方的大部分地区，属于国家二级保护动物。

猞猁是中性猛兽，体形小于狮、虎、豹等大型猛兽，但比小型猫类大得多。体长85厘米~130厘米，尾长12厘米~24厘米。猞猁身体粗壮，四肢较长，尾巴短粗，尾尖呈钝圆形。最为可爱和引人注目的是耳尖上生有明显的丛毛，两颊有下垂的长毛，腹毛也很长。

猞猁常栖居在寒冷的高山地

带，不畏严寒，耐饥性强，可在一处静卧几日。猞猁也善于游泳，但不轻易下水。它还是个出色的攀缘能手，甚至可以从一棵树纵身跳到另一颗树上。

猞猁以野兔、松鼠、野鼠和雷鸟、雉类等为食。在自然界中，虎、豹、熊等大型猛兽都是猞猁的天敌，如果遭遇到狼群，也会在劫难逃。当然，为了生存，猞猁也有自己独特的逃生方式，比如猞猁遇到危险时会迅速逃到树上躲藏隐蔽起来，有时还会躺倒在地，假装死去，从而躲过天敌。

迷你档案馆

中文名：猞猁
英文名：Lynx
类别：哺乳动物
科：猫科
分布地：欧亚大陆

猞猁两耳的尖端着生耸立的丛毛，很像戏台上武将“冠”上的翎子。

披着金甲的小精灵——金龟子

jīn guī zǐ dà duō fēn bù zài rè dài dì qū chéng chóng zhǔ yào
金龟子大多分布在热带地区，成虫主要
yǐ shù yè hé guǒ shí wéi shí wù shēn cháng dà yuē wéi háo mǐ
以树叶和果实为食物，身长大约为16毫米~
háo mǐ jīn guī zǐ de zhǒng lèi fēi cháng duō jī hū měi zhǒng jīn
21毫米。金龟子的种类非常多，几乎每种金
guī zǐ dōu yǒu fēi cháng jiān yìng de wài ké qiào chì qiào chì de sè cǎi
龟子都有非常坚硬的外壳——鞘翅，鞘翅的色彩
biàn huà hěn duō guāng cǎi duó mù zài càn làn de yáng guāng xià tā men zǒng shì shǎn shuò zhe
变化很多，光彩夺目，在灿烂的阳光下它们总是闪烁着
gè zhǒng gè yàng de sè zé dàn shì tā shì yì zhǒng hài chóng tā zǒng shì chī zhí wù de
各种各样的色泽。但是它是一种害虫，它总是吃植物的
nèn jīng hé yè zi gěi zhuāng jia dài lái hěn dà de shāng hài
嫩茎和叶子，给庄稼带来很大的伤害。

jīn guī zǐ de wài
金龟子的外
ké jiān yìng biǎo miàn
壳坚硬，表面
fēi cháng guāng huá dà
非常光滑，大

dū fàn zhe jīn shǔ guāng zé tā men de qián zhī
都泛着金属光泽，它们的前肢
tōng cháng jiào jiān yìng ér hòu zhī zé wéi mó
通常较坚硬，而后肢则为膜
zhì nián jié kè de yí wèi kē xué jiā
质。1934年，捷克的一位科学家
céng cóng qiān kè de jīn guī zǐ zhōng tí qǔ chū
曾从1千克的金龟子中提取出25
háo kè de jīn zi
毫克的金子。

jīn guī zǐ de dǎo háng xì tǒng fēi cháng fā
金龟子的导航系统非常发
dá tā men néng gòu gēn jù tiān kōng piān zhèn
达，它们能够根据天空偏振
guāng lái dǎo háng yǒu rén céng zuò guo yí gè
光来导航。有人曾做过一个
xiāng guān de shì yàn tā men jiāng jīn guī zǐ fàng
相关的试验，他们将金龟子放
zhì zài yí kuài mù bǎn shang jié guǒ wú lùn mù bǎn rú hé qīng xié zhǐ yào tā men néng gòu
置在一块木板上，结果无论木板如何倾斜，只要它们能够
kàn dào tiān kōng hé tài yáng jiù néng gòu shùn lì de huí jiā cóng lái bú huì mí shī fāng
看到天空和太阳，就能够顺利地回家，从来不会迷失方
xiàng hěn duō jīn guī zǐ dōu shì hài chóng yì xiē jīn guī zǐ shì yè xíng xìng dòng wù tā
向。很多金龟子都是害虫，一些金龟子是夜行性动物，它
men jù yǒu qiáng liè de qū guāng
们具有强烈的趋光
xìng zhè yàng de huà kě yǐ yòng
性。这样的话，可以用
hēi guāng dēng lái duì qí jìn xíng yòu
黑光灯来对其进行诱
shā yě kě yǐ jiāng qí zhèn luò zhī
杀，也可以将其震落之
hòu jìn xíng bǔ shā
后进行捕杀。

中文名：金龟子
英文名：Tumbledung
类别：昆虫
科：金龟子科
分布地：世界性分布

形象逼真的枯叶蝶

kū yè dié wéi shì jiè zhù míng nǐ tài de zhǒng lèi tā de
枯叶蝶为世界著名拟态的种类。它的
chì miàn chéng kū yè sè jìng zhǐ shí cóng qián chì dǐng jiǎo dào hòu
翅面呈枯叶色，静止时从前翅顶角到后
chì tún jiǎo chù yǒu yì tiáo shēn hè sè de héng xiàn jiā shàng jǐ
翅臀角处有一条深褐色的横线，加上几
tiáo xié xiàn kù sì yè mài chì lǐ zá yǒu shēn qiǎn bù yī de
条斜线，酷似叶脉。翅里杂有深浅不一的
huī hè sè bān hěn xiàng yè piàn shang de bìng bān dāng liǎng
灰褐色斑，很像叶片上的病斑。当两
chì bìng lǒng tíng xī zài shù mù zhī tiáo shang shí hěn nán yǔ jiāng
翅并拢停息在树木枝条上时，很难与将
yào diāo xiè de kuò yè shù kū yè xiāng qū bié gù chēng kū
要凋谢的阔叶树枯叶相区别，故称“枯
yè dié
叶蝶”。

fēi wǔ shí kū yè dié lòu chū chì bǎng de bèi miàn rú
飞舞时，枯叶蝶露出翅膀的背面，如
tóng qí tā de hú dié yí yàng huá lì dà bù fen wéi róng duàn bān
同其他的蝴蝶一样华丽；大部分为绒缎般
de hēi lán sè shǎn
的黑蓝色，闪
liàng zhe guāng zé
亮着光泽，
diǎn zhuì yǒu jǐ diǎn bái sè
点缀有几点白色
xiǎo bān héng zài qián
小斑；横在前
chì de zhōng bù yǒu yì
翅的中部，有一
jīn huáng sè de qū biān kuān
金黄色的曲边宽

中文名：枯叶蝶
英文名：Kallima Inachus Doubleday
类别：昆虫 科：蛱蝶科
分布地：亚洲

斜带纹线，像佩上一条绶带；前后翅的外缘，均镶有深褐色的波状花边。当它停息在树枝或草叶上时，两翅收合竖立，展示出翅膀的腹面，全身呈古铜色，色泽和形态均酷似一片枯叶：一条纵贯前后翅中央的黑褐色纹线，极像树叶的中脉；其他的翅脉又似树叶的侧脉；翅上几个小黑点，好似枯叶上的霉斑；后翅的末端，还拖着一条叶柄般的“尾巴”。这种“拟态”，使天敌一时真伪难辨，分不清究竟是蝴蝶还是枯叶，从而保护了自己。

优雅仙子——凤蝶

fèng dié shì hú dié jiā zú zhī zhōng zuì měi lì de rén men bú dàn xīn shǎng tā men de
凤蝶是蝴蝶家族之中最美丽的，人们不但欣赏它们的
duō cǎi duō zī ér qiě yě duì tā men dú tè de shēng huó xí xìng hěn gǎn xìng qù fèng dié fēn
多彩多姿，而且也对它们独特的生活习性很感兴趣。凤蝶分
bù guǎng fàn chú běi jí wài shì jiè gè dì jūn yǒu fēn bù ér qiě qí zhǒng lèi fán duō
布广泛，除北极外，世界各地均有分布，而且其种类繁多，
duō dá bā bǎi wǔ shí yú zhǒng jǐn wǒ guó jiù yǒu jìn bǎi zhǒng
多达八百五十余种，仅我国就有近百种。

fèng dié yīn qí hòu chì yǒu wěi zhuàng tū ér dé
凤蝶因其后翅有尾状突而得
míng dàn shí jì shang yǒu xǔ duō zhǒng lèi de fèng dié
名，但实际上有许多种类的凤蝶
shì wú wěi zhuàng tū de fèng dié chì bǎng de yán
是无尾状突的。凤蝶翅膀的颜
sè tú àn hěn duō qí dǐ sè duō wéi hēi lán
色、图案很多，其底色多为黑、蓝、
lǜ děng sè bìng diǎn zhuì yǒu huáng chéng
绿等色，并点缀有黄、橙、
hóng lǜ huò lán sè huā wén xǔ duō fèng dié huì mó
红、绿或蓝色花纹。许多凤蝶会模
fǎng qí tā hú dié chì bǎng shang de yán sè huò tú àn
仿其他蝴蝶翅膀上的颜色或图案
huā wén yǐ cǐ lái bǎo hù zì jǐ
花纹，以此来保护自己。

凤蝶幼虫体色亮丽，以某些植物的叶子为食。幼虫有许多方法保护自己，如许多幼虫的颜色、图案让它们看起来像鸟粪；有些则有臭腺，受惊时会散发臭气。

凤蝶的幼虫一生要经过好几次蜕皮，蜕皮后它们的颜色会突然从黑白变为绿色。经过研究发现，原来这是由于幼虫体内保护激素的浓度变化而导致的。凤蝶的幼虫最初身体是黑白相间的斑纹，全身布满了瘤一样的凸起，以此将自己伪装成鸟类的粪便躲避天敌。

中文名：凤蝶

英文名：Papilio Xuthus

类别：昆虫

科 ：凤蝶科

分布地：世界性

伪装高手——变色龙

dòng wù yōng yǒu bǎo hù sè wǒ men bù zú wéi qí kě shì dà jiā tīng shuō guo dòng
动物拥有保护色，我们不足为奇，可是大家听说过动
wù huì suí zhōu wéi huán jìng de biàn huà ér biàn sè ma biàn sè lóng jiù shì zhè yàng de kě
物会随周围环境的变化而变色吗？变色龙就是这样的。可
shì jiū jìng shì shén me yuán yīn lìng biàn sè lóng de tǐ sè fā shēng biàn huà ne kē xué jiā men
是究竟是什么原因令变色龙的体色发生变化呢？科学家们
qián xīn yán jiū zhōng yú zhǎo dào le zhǔn què de dá àn
潜心研究，终于找到了准确的答案。

biàn sè lóng yīn qí yōng yǒu shàn biàn de yán sè ér dé míng biàn sè lóng zhōu wéi de
色龙因其拥有善变的颜色而得名。变色龙周围的
dù shī dù fā shēng biàn huà huò zhě tā běn shēn shòu dào jīng xià tā
湿度发生变化，或者它本身受到惊吓，它
xì bāo de wèi zhì jiù huì zì dòng fā shēng biàn huà cóng ér yǐn qǐ
细胞的位置就会自动发生变化，从而引起

体表颜色发生改变。这是自然界中动物适应生存环境的一种表现。

变色龙的色素细胞都分散在它的表皮和真皮之间，在神经与激素的控制下，表现出深浅不同的颜色。而之所以表皮颜色会发生变化，主要是由于各种色素细胞在不停地运动，以及它们相互之间的作用所引起的。

除了上述提到的自然因素外，变色龙的神经系统也会对它体色的变化产生一定的影响。另外，变色龙的脑下垂体组织所分泌的激素，也会对其变色起到一定的作用。

迷你档案馆

中文名：变色龙

英文名：Chameleon

类别：爬行动物

科：鬣蜥科

原产地：非洲

逃亡专家——草蜥

cǎo xī shǔ yú xī yì mù xī yì kē de shǔ shì jiè shang yǐ zhī de cǎo xī yuē
草蜥属于蜥蜴目蜥蜴科的1属。世界上已知的草蜥约10
zhǒng fēn bù yú yuè nán miǎn diàn yìn dù ní xī yà rì běn cháo xiān jí qián sū lián
种，分布于越南、缅甸、印度尼西亚、日本、朝鲜及前苏联
xī bó lì yà zhōng guó yǒu zhǒng cháng jiàn de yǒu běi cǎo xī nán cǎo xī hé bái tiáo
西伯利亚。中国有6种，常见的有北草蜥、南草蜥和白条
cǎo xī zhǔ yào fēn bù yú huá zhōng huá nán jí xī nán dì qū běi cǎo xī qī xī yú hǎi
草蜥，主要分布于华中、华南及西南地区。北草蜥栖息于海
bá mǐ mǐ de qiū líng píng yuán hé shān qū de mào mì cǎo cóng zhōng huò ǎi
拔180米～1 750米的丘陵、平原和山区的茂密草丛中或矮
guàn mù lín jiān
灌木林间。

中文名：草蜥
英文名：Grass lizard
类别：爬行动物
科：蜥蜴科
分布地：亚洲

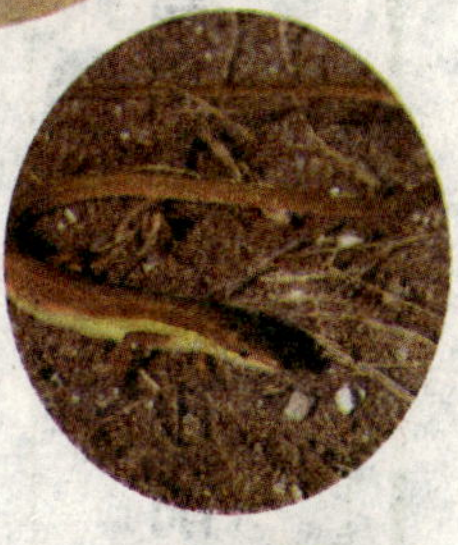

草蜥头顶有对称排列的大鳞，腹部大鳞呈方形。其大腿腹面靠近肛门的地方有鼠蹊窝1对～5对。草蜥身体细长，约50毫米～60毫米，尾巴又细又长，是自身体长的2倍多。草蜥体背呈绿褐色，腹面为灰白色，体侧下方是绿色的。刚孵出来的幼蜥尾下常为红褐色。草蜥受到惊扰时，会断尾迅速逃遁，因为尾巴断后可再生。草蜥以昆虫为食，春季主要吃蝗虫、卷叶蛾幼虫、鼠妇和地花蜂；夏季主要吃直翅目昆虫（如蝗虫、螽斯）、也吃尺蠖、蛾幼虫和鞘翅目昆虫。

草蜥每窝产卵4枚～6枚，卵呈圆形，乳白色。刚孵出来的幼蜥全长为74毫米～82毫米，尾长约为51毫米～60毫米。

华丽生灵——金色箭毒蛙

箭毒蛙是世界上最美丽的青蛙，颜色多种多样，通身鲜明亮丽。

金色箭毒蛙是箭毒蛙的一种，全身是鲜艳的黄色或橘红色，这是表示有毒的警告色，许多捕食动物见到带有这种颜色的动物都会选择远远地躲开。虽然金色箭毒蛙体长约3.5厘米，但在箭毒蛙家族中属于体形较大的种类，它们仅分布在南美洲哥伦比亚西北部的森林中。

中文名：箭毒蛙
英文名：Arrow-Poison Frog
类别：两栖动物
科：箭毒蛙科
分布地：南美洲热带雨林

金色箭毒蛙是箭毒蛙科中毒性最强的一种，比一般箭毒蛙强20倍。一只金色箭毒蛙体内所含有的毒素约有2毫克，但可以杀死20 000只老鼠，人类血液中只含有0.2毫克金色箭毒蛙毒素就足以致人死亡了。据记载，早期的研究人员在野外捕捉金色箭毒蛙时，必须戴上橡皮手套才可以，而有些狗舔到这些处理过金色箭毒蛙的手套后，立刻就会死亡。由此可见，金色箭毒蛙是当之无愧的“两栖毒王”。

不过金色箭毒蛙在野外也有天敌——一种专门吃蛙类的蛇，这种蛇对金色箭毒蛙的毒性有免疫力，真是一物克一物，这也是大自然的巧妙之处。

长有降落伞的飞蛙

飞蛙生活在马来西亚和印尼地区，它们习惯生活在高高的树梢上。这种青蛙拥有带蹼的长脚趾，而且四肢之间有扁平的皮肤，它们利用这些东西，可以从树梢上降落下来，就像降落伞一样，从某方面来说，术语“降落伞”就涉及到动物以很小的倾斜度从高处快速下降。

飞蛙昼伏夜出，以蚱蜢为食，善于跳跃。每当夜晚来临，飞蛙便会情绪激动起来。飞蛙会在一天中改变肤色，在阳光明亮的白天，它们是蓝绿色的；傍晚，它们会变成绿色；到了晚上，就变成黑色的了。这样它们既可以逃避天敌，又能够接近食物。

中文名：飞蛙
英文名：Gliding
类别：两期动物
科 ：飞蛙科
分布地：亚洲

fēi wā bìng bú shì zài shuǐ zhōng ér shì zài shù yè shang chǎn
飞蛙并不是在水中，而是在树叶上产
luǎn tā de luǎn lián tóng yì zhǒng bèi chēng wéi dàn bái de wù
卵。它的卵连同一种被称为”蛋白”的物
zhì yì qǐ chǎn chū hòu huì bèi chéng nián fēi wā qiāo dǎ chéng yì
质一起产出后，会被成年飞蛙敲打成一
zhǒng pāo mò tuán bù jiǔ zhè zhǒng pāo mò tuán jiù biàn de wài ké
种泡沫团。不久，这种泡沫团就变得外壳
jiān yìng lǐ miàn què réng néng bǎo chí shī rùn wā luǎn jí qí biàn
坚硬，里面却仍能保持湿润。蛙卵及其变
chéng de kē dǒu jiù ān quán de dāi zài lǐ miàn yì zhí děng dào yǔ
成的蝌蚪就安全地呆在里面，一直等到雨
shuǐ dào lái bǎ tā men chōng jìn chí táng
水到来，把它们冲进池塘。

天国之鸟——极乐鸟

jí lè niǎo shì bā bù yà xīn jǐ nèi yà guó niǎo bā bù yà xīn
极乐鸟是巴布亚新几内亚国鸟。巴布亚新
jǐ nèi yà rén mín zuì tuī chóng de yǒu sān zhǒng dōng xi jí jí lè
几内亚人民最推崇的有三种东西，即极乐
niǎo è yú hé nán rén diāo kè xiàng jí lè niǎo yòu míng tiān táng
鸟、鳄鱼和男人雕刻像。极乐鸟又名天堂
niǎo shì shēng huó zài dì kuà yà zhōu hé dà yáng zhōu zhī jiān de yī
鸟，是生活在地跨亚洲和大洋洲之间的伊
lì ān dǎo shang de yì zhǒng zhēn guì fēi qín jí lè niǎo shì bā bù yà xīn jǐ nèi yà dú
利安岛上的一种珍贵飞禽。极乐鸟是巴布亚新几内亚独
lì zì yóu de xiàng zhēng tā men bǎ jí lè niǎo yìn zài guó qí
立、自由的象征。他们把极乐鸟印在国旗
shang kè zài guó huī shang bā bù yà xīn jǐ nèi yà háng
上，刻在国徽上。巴布亚新几内亚航
kōng gōng sī de fēi jī wěi bù yě yìn yǒu yì zhī zhǎn chì
空公司的飞机尾部也印有一只展翅
fēi xiáng de lán sè jí lè niǎo jí lè niǎo shēng huó zài
飞翔的蓝色极乐鸟。极乐鸟生活在
bā bù yà xīn jǐ nèi yà de shān jiān cóng lín zhōng rén
巴布亚新几内亚的山间丛林中。人
men zhǐ néng kàn jiàn tā zài kōng zhōng fēi xiáng yīn cǐ
们只能看见它在空中飞翔，因此
dāng dì chuán shuō jí lè niǎo zhù zài tiān guó jí lè shì
当地传说极乐鸟住在天国极乐世

中文名：极乐鸟

英文名：Bird of Paradise

类别：鸟类

科：极乐鸟科

分布地：澳洲、亚洲

界，以天露花蜜为食，有“神鸟”之称。极乐鸟怕从后面吹来的风会把它美丽的羽毛吹乱，因此它总是逆风飞行，所以人们称之为“风鸟”。到1938年，科学家共发现43种极乐鸟。极乐鸟的羽饰与众不同，尤其是雄极乐鸟。雄极乐鸟身披的美丽的羽饰主要是用来吸引雌性的。在繁殖季节，雄鸟选择一根便于看到雌鸟、视野开阔的树枝，站在上面对着雌鸟拍打翅膀或上下翻转，令羽毛像耀眼的瀑布般飞泻而下，以此来展示自己的风采。

百啭千声的画眉鸟

画眉，顾名思义，它的脸部的眉毛特别明显。一只好的画眉鸟眉毛又长又细，中间不间断，看上去好像是人们故意画上去的浓眉。画眉体长约24厘米，上体为橄榄褐色，头和上背具褐色轴纹；眼圈白，眼上方有清晰的白色眉纹；下体棕黄色，腹中夹灰色。

画眉在我国主要分布于江苏、浙江、安徽、江西、湖南、台湾等地。该鸟为留鸟，主要栖息于海拔1 000

mǐ yǐ xià de shān qiū nóng mì guàn mù lín
米以下的山丘浓密灌木林
zhōng xǐ huan chén hūn shí fēn yú zhī tóu shang
中，喜欢晨昏时分于枝头上
míng chàng huà méi xìng gé yǐn nì lǐng yù xìng
鸣唱。画眉性格隐匿，领域性
qiáng xióng niǎo xìng xiōng hào dǒu tā men píng
强，雄鸟性凶好斗。它们平
shí zhǐ yǒu zài qiū jì cái huì sān wǔ chéng qún de
时只有在秋季才会三五成群地
chū xiàn jiào shēng míng liàng yuè ěr wéi míng
出现，叫声明亮悦耳，为鸣
qín zhōng de jiǎo jiǎo zhě cháng bèi bǔ zhuō sì
禽中的佼佼者，常被捕捉饲
yǎng ér chéng wéi lóng niǎo
养而成为笼鸟。

rén men xǐ ài huà méi niǎo chú le huà méi zhǎng de xiǎo qiǎo kě ài wài hái yīn wèi tā
人们喜爱画眉鸟，除了画眉长得小巧可爱外，还因为它
yǔ máo piāo liang huà méi yǔ máo de yán sè wǔ cǎi bīn fēn gè bù xiāng tóng cháng jiàn de
羽毛漂亮，画眉羽毛的颜色五彩缤纷，各不相同，常见的
yǒu qīng huáng zōng sè děng hái yǒu hěn shǎo jiàn de quán bái quán hóng yǐ jí yín
有青、黄、棕色等，还有很少见的全白、全红，以及银
huī děng sè cǎi dāng rán zuì lìng rén xǐ ài de hái shi tā nà wǎn zhuǎn dòng tīng de gē
灰等色彩。当然最令人喜爱的还是它那婉转动听的歌
shēng yōu yáng yuè ěr
声，悠扬、悦耳。

中文名：画眉鸟
英文名：Hwa-Mei
类别：鸟类
科：画眉科
分布地：亚洲

借巢生蛋的杜鹃

dù juān yǒu zhe jiān
杜鹃有着尖
cháng wān qū de zuǐ jiǎo
长、弯曲的嘴，脚
xì xiǎo tā men fēi xíng jí sù ér wú shēng xíng dòng
细小。它们飞行急速而无声，行动
mǐn jié zhǔ yào yǐ kūn chóng wéi shí yóu xǐ shí máo chóng
敏捷，主要以昆虫为食，尤喜食毛虫，
gù wéi yì niǎo duì zhuāng jia zhòng zhí yǒu zhe mò dà de gōng
故为益鸟，对庄稼种植有着莫大的功
láo dù juān zài wǒ guó fēn bù shèn guǎng ér qiě zhǒng lèi fán
劳。杜鹃在我国分布甚广，而且种类繁
duō tā men duō shù jū zhù zài rè dài wēn dài dì qū de shù
多。它们多数居住在热带、温带地区的树
lín zhōng
林中。

dù juān bú shì yí gè chèn zhí de niǎo mā ma tā men jì
杜鹃不是一个称职的鸟妈妈。它们既
bú huì zhù wō fū dàn yòu bú huì yǎng yù yòu niǎo ér shì jiāng
不会筑窝孵蛋，又不会养育幼鸟，而是将
zhè yí qiē yīng jìn de zhí zé tuī gěi bié de niǎo mā ma dài láo
这一切应尽的职责推给别的鸟妈妈代劳。

dāng cí dù juān kuài yào chǎn dàn de shí hou jiù kāi shǐ zài
当雌杜鹃快要产蛋的时候，就开始在

cóng lín jiān fēi lái fēi qù wèi zì jǐ jí jiāng chū shì de bǎo bao xún mì hé shì de jì
从林间飞来飞去，为自己即将出世的宝宝寻觅合适的寄
sù zhù suǒ yí dàn fā xiàn yún què huà méi děng niǎo lèi fū dàn de cháo wō biàn chèn
宿住所。一旦发现云雀、画眉等鸟类孵蛋的巢窝，便趁
tā men lí cháo wài chū shí tōu tōu jiāng zì jǐ de dàn chǎn zài cháo wō li rán hòu bǎ
它们离巢外出时，偷偷将自己的蛋产在巢窝里，然后把
yuán lái cháo wō li de dàn tī chū yóu yú dù juān de dàn tóng zhè xiē niǎo de dàn zài xíng zhuàng
原来巢窝里的蛋踢出。由于杜鹃的蛋同这些鸟的蛋在形状
hé yán sè shang dōu hěn xiāng jìn yún què huà méi děng niǎo mā ma huí lái hòu bìng bú huì chá
和颜色上都很相近，云雀、画眉等鸟妈妈回来后并不会察
jué zì jǐ de bǎo bao yǐ jīng bèi diào bāo le biàn yī
觉自己的宝宝已经被调包了，便依
jiù quán xīn quán yì de fū huà suǒ yǒu de dàn dāng
旧全心全意地孵化所有的蛋。当
xiǎo dù juān de yǔ yì fēng mǎn néng zì xíng mì shí
小杜鹃的羽翼丰满，能自行觅食
de shí hou tā biàn yì rán jué rán de fēi lí yǎng
的时候，它便毅然决然地飞离“养
mǔ de jiā méi yǒu sī háo gǎn ēn de yì shi
母”的家，没有丝毫感恩的意识。

迷你档案馆

英文名：Cuckoo
中文名：杜鹃
类别：鸟类
科：杜鹃科
分布地：全球温带、热带地区

人见人爱的喜鹊

xǐ què yòu bèi chēng wéi què　kè què　fēi bó niǎo　gān què　tā men de fēn bù fàn
喜鹊又被称为鹊、客鹊、飞驳鸟、干鹊，它们的分布范
wéi hěn guǎng　chú zhōng　nán měi zhōu yǔ dà yáng zhōu wài　jī hū biàn bù shì jiè gè dà
围很广，除中、南美洲与大洋洲外，几乎遍布世界各大
lù　zài zhōng guó　chú cǎo yuán hé huāng mò dì qū wài　quán guó gè dì jūn yǒu fēn bù
陆。在中国，除草原和荒漠地区外，全国各地均有分布。

xǐ què tǐ cháng　háo mǐ　háo mǐ　qí tóu　jǐng　bèi zhì wěi jūn wéi hēi
喜鹊体长435毫米~460毫米，其头、颈、背至尾均为黑
sè　bìng zì qián xiàng hòu fēn bié chéng xiàn zǐ sè　lǜ lán sè　lǜ sè děng guāng zé
色，并自前向后分别呈现紫色、绿蓝色、绿色等光泽。
shuāng chì wéi hēi sè bìng zài yì jiān chù yǒu bái bān　fù bù yǐ xiōng
双翅为黑色并在翼肩处有白斑。腹部以胸
wéi jiè　qián hēi hòu bái
为界，前黑后白。

xǐ què shì hěn shòu rén men xǐ ài de niǎo
喜鹊是很受人们喜爱的鸟
lèi zhī yī　tā men xǐ huan bǎ
类之一，它们喜欢把
cháo zhù zài mín
巢筑在民

zhái páng de dà shù shang bìng zài jū mín diǎn fù jìn
宅旁的大树上，并在居民点附近
huó dòng xǐ què wéi duō nián xìng pèi ǒu měi wō chǎn
活动。喜鹊为多年性配偶，每窝产
luǎn méi méi luǎn wéi dàn hè sè shàng miàn dài
卵5枚~8枚，卵为淡褐色，上面带
yǒu bù hè sè huī hè sè bān diǎn qí fū huà qī
有布褐色、灰褐色斑点。其孵化期
wéi tiān zuǒ yòu fū huà hòu xū jīng guò gè yuè zuǒ
为18天左右，孵化后需经过1个月左
yòu de bǔ yù fāng néng lí cháo xǐ què de cháo chéng
右的哺育方能离巢。喜鹊的巢呈
qiú zhuàng yóu xǐ què fū fù gòng tóng zhù zào yóu
球状，由喜鹊夫妇共同筑造，由
kū zhī biān chéng cháo de nèi cè yòng hòu hòu de ní
枯枝编成，巢的内侧用厚厚的泥
tǔ tián chōng bìng pū shàng cǎo yè mián xù shòu
土填充，并铺上草叶、棉絮、兽
máo yǔ máo děng xǐ què chú qiū jì wài quán nián
毛、羽毛等。喜鹊除秋季外，全年
dà duō chéng duì shēng huó xǐ què de jiào shēng hóng
大多成对生活。喜鹊的叫声洪
liàng shí xìng jiào zá fán zhí jì jié duō bǔ shí huáng
亮，食性较杂，繁殖季节多捕食蝗
chóng lóu gū dì lǎo hǔ jīn guī
虫、蝼蛄、地老虎、金龟
jiǎ é lèi yòu chóng yǐ jí wā lèi děng
甲、蛾类幼虫，以及蛙类等
xiǎo xíng dòng wù yě dào shí qí tā niǎo
小型动物，也盗食其他鸟
lèi de luǎn hé chú niǎo tóng shí yě chī guā
类的卵和雏鸟，同时也吃瓜
guǒ gǔ wù zhí wù zhǒng zi děng
果、谷物、植物种子等。

英文名：Magpie
中文名：喜鹊
类别：鸟类
科：鸦科
分布地：亚洲、欧洲、北美洲

森林医生——啄木鸟

啄木鸟是人类的朋友，更是树木的好朋友，人们都称啄木鸟为“森林医生”。啄木鸟是最称职的医生，它每天忙忙碌碌，东敲敲，西敲敲，让那些害虫无处可藏。每日清晨，人们还在梦里时，啄木鸟早已经开始工作了，“笃、笃、笃……”开始不停地啄起来。

啄木鸟主要以一些害虫为食物。啄木鸟能把藏在树干中的害虫掏出来吃掉，有时这些害虫所造成的病害会导致树木死亡。啄木鸟的长嘴就像医生的听诊器一样，它用这个又硬又尖的长嘴敲击树干时，发出各种声音。这些

英文名：Woodpecker

中文名：啄木鸟

类别：鸟类

科：啄木鸟科

分布地：世界性分布

shēng yīn néng zhǔn què de fǎn yìng chū hài chóng duǒ cáng de wèi
声音能准确地反映出害虫躲藏的位

zhì zhī dao le hài chóng zài nǎ li yǐ hòu zhuó mù niǎo jiù yòng zuǐ xiān zhuó
置。知道了害虫在哪里以后，啄木鸟就用嘴先啄

kāi shù pí tā de lì zuǐ xiàng záo zi yí yàng zài shù shang záo gè dòng rán hòu chā jìn hài
开树皮，它的利嘴像凿子一样在树上凿个洞，然后插进害

chóng de cháo nèi zhuó mù niǎo hái yǒu shén qí de shé tou zhuó mù niǎo de shé tou yòu cháng
虫的巢内。啄木鸟还有神奇的舌头，啄木鸟的舌头又长

yòu xì yǒu lí mǐ cháng tā de shé gēn shang yǒu liǎng gēn néng shēn suō de jīn shé jiān
又细，有14厘米长。它的舌根上有两根能伸缩的筋，舌尖

shang hái zhǎng zhe xǔ duō ròu dǎo cì ér qiě tā de
上还长着许多肉倒刺，而且它的

shé jiān néng fēn mì nián yè yīn cǐ tā zǒng
舌尖能分泌黏液，因此，它总

shì kě yǐ zhǔn què wú wù de gōu chū yǐn cáng
是可以准确无误地钩出隐藏

dé hěn shēn de hài chóng shèn zhì shì yòu
得很深的害虫，甚至是幼

chóng hé chóng luǎn
虫和虫卵。

午夜卫士——猫头鹰

猫头鹰是一种夜行肉食性动物。因为其双目的分布、面盘和耳羽与猫极其相似，故俗称猫头鹰。

猫头鹰大多喜欢栖息在树上，只有少数种类栖息在岩石间或草地上。猫头鹰昼伏夜出，它们白天隐藏在树丛、

迷你档案馆

中文名：猫头鹰

英文名：Strigiformes

类别：鸟类

科：鸱鸮科

分布地：世界性分布

岩穴或屋檐中，晚上才会飞出处所觅食。

猫头鹰的食物一般以鼠类为主，有时也吃昆虫、小鸟、蜥蜴、鱼等动物。猫头鹰有着吐“食丸”的习性，因为它们的嗉囊具有很强的消化功能，所以猫头鹰常常将食物整个吞下去，最后再把其中不能消化的骨骼、羽毛、毛发等残物渣滓集成块状物体吐出来，这种经过食道和口腔吐出的团状物叫做“食丸”。

猫头鹰的视觉敏锐。即使在漆黑的夜晚，能见度也比人高出一百倍。

猫头鹰的羽毛非常柔软，翅膀上有天鹅绒般密布的羽绒，因而猫头鹰飞行时产生的声波频率小于1 000赫兹，而一般哺乳动物的耳朵是完全感受不到的。

大嘴明星——巨嘴鸟

巨嘴鸟是一种长相奇特的中型攀禽，其外形与犀鸟相仿，它有一个色彩艳丽的、巨大的喙，但重量较轻，喙的边缘有锯齿。巨嘴鸟的羽毛颜色丰富多彩，其中黑色的居多。巨嘴鸟属于杂食性鸟类，植物的果实是它们最爱吃的食物，大而轻的喙就是巨嘴鸟对食用果实的特殊适应的具体表现。

巨嘴鸟主要分布在拉丁美洲的热带地区，以亚马孙河下游的种类最多。巨嘴鸟具有一定的群集性，喜欢栖息在树梢上，是森林中最为喧闹的鸟类之一，常常发出隆隆地巨响声、号角

中文名：巨嘴鸟

英文名：Toucan

类别：鸟类

科：巨嘴鸟科

分布地：美洲热带雨林

shēng huò cì ěr de jiào shēng yǒu shí tā yě huì yǐ yì xiē dà
声或刺耳的叫声。有时它也会以一些大
xíng kūn chóng xī yì hé chú niǎo wéi shí tā jiāng cháo zhù zài
型昆虫、蜥蜴和雏鸟为食。它将巢筑在
gāo gāo de shù dòng nèi jù zuǐ niǎo měi cì chǎn luǎn méi méi
高高的树洞内，巨嘴鸟每次产卵2枚~4枚，
chú niǎo yào jīng guò dà yuē tiān fū huà qī suí hòu hái yào yóu fù
雏鸟要经过大约16天孵化期，随后还要由“父
mǔ fǔ yù dà gài tiān cái néng dú lì shēng huó
母”抚育大概45天才能独立生活。

jù zuǐ niǎo zuì yǐn rén zhù yì de biàn shì tā men jù dà ér xuàn lì
巨嘴鸟最引人注意的便是它们巨大而绚丽
de huì dàn zuì dà de dāng shù xióng xìng jù zuǐ niǎo le tā men tǐ
的喙，但最大的当数雄性巨嘴鸟了，它们体
cháng lí mǐ ér huì jiù yǒu jìn lí mǐ cháng xiàn zài jù
长79厘米，而喙就有近23厘米长。现在，巨
zuǐ niǎo pín fán chū xiàn zài gè zhǒng zuò pǐn zhōng yǎn rán chéng le měi
嘴鸟频繁出现在各种作品中，俨然成了美
zhōu rè dài sēn lín de dài yán rén
洲热带森林的代言人。

九色鸟——棕尾虹雉

棕尾虹雉又被称为“九色鸟”，是典型的高山鸡类，它们生活在海拔2 500米~4 500米的高山上。雄鸟通体羽色艳丽，闪耀着彩虹一样的金属光泽，头顶有一簇延长的蓝绿色羽冠，是虹雉中羽冠最漂亮的；雌鸟全身的羽色淡雅清秀。它们常结群活动，有时会结成20只~30只的群体，主要以植物的嫩芽、嫩叶、块根、果实和种子等为食，有时也吃昆虫。

迷你档案馆

中文名：棕尾虹雉
英文名：Himalayan Monal Pheasant
类别：鸟类
科：雉科
分布地：中国西藏南部、尼泊尔等地

CAOYUAN
DONGWU

草原动物

明媚的阳光普照着碧波般的原野；
和煦的春风轻扫过浓密的草甸；
黄昏的草原茫茫千里，
仿佛在低吟着那夜阑人静后的诗篇……

随风奔跑的羚羊

羚羊属于偶蹄目羊科，是哺乳纲牛科中一个类群的通称。有的专家指出，羚羊类的动物共有86种，分属于11个族、32个属。羚羊种类繁多。一个群体一般有5只～10只羚羊，有的大群体可达数百只。羚羊一般生活在旷野或沙漠，有的栖息于山区。产于中国的有原羚、鹅喉羚、藏羚和斑羚等。中国新疆所产的赛加羚羊的角可做药材。

羚羊身高为90厘米~144厘米，体重约为20千克~30千克。羚羊的身材苗条、体态优美，是最漂亮的草原动物。

líng yáng sì zhī xì cháng tí xiǎo ér jiān
羚羊四肢细长，蹄小而尖，
xìng qíng jī jǐng yǒu de zhǒng lèi cí líng yáng
性情机警。有的种类雌羚羊
hé xióng líng yáng jūn yǒu jiǎo dàn yǒu de jǐn
和雄羚羊均有角，但有的仅
xióng líng yáng yǒu jiǎo líng yáng de xíng dòng
雄羚羊有角。羚羊的行动
mǐn jié bēn pǎo sù dù jí kuài kě yǐ shuō
敏捷，奔跑速度极快，可以说
zài fēi zhōu de dà cǎo yuán shang chú le liè
在非洲的大草原上，除了猎
bào jiù shǔ líng yáng pǎo de zuì kuài le
豹就数羚羊跑得最快了。

líng yáng shì yì zhǒng shí cǎo dòng wù
羚羊是一种食草动物，
yǐ xiān nèn de yě cǎo wéi shí tā de tǐ xíng
以鲜嫩的野草为食。它的体形
fù yǔ le tā wéi yī de shēng cún jì néng
赋予了它唯一的生存技能，
nà jiù shì bēn pǎo wèi le shēng cún tā xū
那就是奔跑。为了生存它需
yào bú duàn de chī cǎo jī xù lì liàng
要不断的吃草，积蓄力量、
bǎo chí chōng pèi de tǐ lì zài bēn pǎo
保持充沛的体力，在奔跑
zhōng zhuī qiú shēng cún
中追求生存。

某些羚羊惊人的弹跳能力和躲避能力可使它们在危急时刻成功脱逃。

líng yáng de zhǔ yào dí rén shì liè
羚羊的主要敌人是猎
bào shī zi hǔ hé chái gǒu qún
豹、狮子、虎和豺狗群。

中文名：羚羊
英文名：Antelope
类别：哺乳动物
科：牛科
分布地：非洲、亚洲

爱情勇士——大角羊

大角羊头上的角又粗又大，而且向前弯曲，所以人们称它为大角羊。大角羊生活在北美至欧亚部分大陆，它们喜欢生活在干燥的荒地，雄大角羊和雌大角羊分别组成自己的群体，行动时以10只~75只的群体进行。大角羊的主要食物是树叶、草、地衣等植物。

大角羊很会照顾自己，它们除了正餐外，还会舔食盐渍地，以补充体内缺乏的矿物质。大角羊在寒冷的冬季从不喝水，而到夏天一天至少要喝3次水。

中文名：大角羊
英文名：Argali Sheep
类别：哺乳动物
科：牛科
分布地：亚洲中部

大角羊的统治权是根据它们的弯角大小而定的。坚硬的弯角，在快速地冲撞下，可将敌人撞疼撞伤。在抵御敌害的过程中，羊角是有力的防御武器，凶猛的食肉动物面对这对大角时也会惧怕三分。

在交配季节，雄羊群和雌羊群就会聚集在一起，并从中寻找各自中意的伴侣。如果不幸，有两只或更多只的雄性大角羊选中了同一个伴侣，那么它们就避免不了要大战一场了，直到两败俱伤后，有一个获胜的将获得这只雌性大角羊青睐。

脖颈修长的长颈鹿

长颈鹿大多分布在非洲的稀树草原、灌木丛，以及撒哈拉沙漠南部的森林地带，它们主要以植物的叶子为食，身长大约为4米~6米，体重约900千克~1 800千克。长颈鹿是世界上身高最高的动物，成年长颈鹿的身高可达4米~6米，它们皮肤表面的花斑网纹是一种天然保护色，能在一定程度上保护它们不被外敌袭击。长颈鹿通常生有一对角，而且终生不会脱掉。它们的长脖子非常优雅，眼睛很大而且非常突出，这样有利于它们远眺，而且能够及时发现危险。长颈鹿的心脏大约有60厘米长，它们的肺能够容纳55升的空气，它们

中文名：长颈鹿
英文名：Camelopardalis
类别：哺乳动物
科：长颈鹿科
分布地：非洲

de shé tou yě yǒu lí mǐ lí mǐ cháng cháng jǐng lù de xuè yā shì
的舌头也有40厘米~50厘米长。长颈鹿的血压是
zhèng cháng rén de bèi zhè yàng cái néng bǎo zhèng xuè yè néng bèi shū sòng dào nǎo bù
正常人的3倍，这样才能保证血液能被输送到脑部。

cháng jǐng lù xǐ huan qún jū yì bān shì shí duō tóu cháng jǐng lù shēng huó zài yì qǐ
长颈鹿喜欢群居，一般是十多头长颈鹿生活在一起，
yǒu shí duō zé jǐ shí tóu xíng chéng yí gè dà qún tǐ cháng jǐng lù shì dǎn xiǎo shàn liáng de
有时多则几十头形成一个大群体。长颈鹿是胆小善良的
dòng wù měi dāng yù dào tiān dí jiù huì lì jí táo pǎo tā néng yǐ měi xiǎo shí qiān
动物，每当遇到天敌，就会立即逃跑。它能以每小时50千
mǐ de sù dù bēn pǎo dāng pǎo bú diào shí tā nà tiě chuí shì de jù tí jiù huì chéng wéi
米的速度奔跑。当跑不掉时，它那铁锤似的巨蹄就会成为
hěn yǒu lì de wǔ qì
很有力的武器。

憨态可掬的羊驼

羊驼是偶蹄目骆驼科无峰驼属的一种。羊驼又叫美洲驼、无峰驼。羊驼的体形有些像高大的绵羊，颈部长而粗，头部较小，耳朵直立，体背平直，尾部翘起，四肢细长，身上的毛发长达60厘米~80厘米，呈纯白色、浅灰色、棕黄色、黑褐色、纯黑色等22种不同的颜色。羊驼有弹性很好的肉趾。雄性羊驼体高1米，体重达70千克。雄性羊驼的体形略大于雌性羊驼。羊驼主要通过身体姿势和柔和的哼唱声进行交流。

羊驼性情温驯，伶俐而通人性，适于圈养。

中文名：羊驼

英文名：Alpaca

类别：哺乳动物

科：骆驼科

原产地：南美洲

羊驼产于南美的秘鲁和智利的高原山区，原产于南美洲海拔为3 000米~4 800米的安第斯山。羊驼喜欢群居，每个群体大概有十余只或数十只羊驼，由一只强壮的雄驼率领群体。羊驼以高山棘刺植物为食。羊驼在发情季节争夺配偶十分激烈，每个群体中仅容许一只成年雄驼存在。羊驼的怀孕期为8个月，每胎为一仔。春夏两季皆能繁殖。羊驼性情温驯，伶俐通人性，适于圈养。羊驼适应环境的能力较强。羊驼的毛比羊毛还要长，光亮而富有弹性，可制成高级毛织物。

集群作战的非洲水牛

fēi zhōu shuǐ niú kě yǐ shuō shì fēi zhōu zuì chéng gōng de zhí shí dòng wù tā men tǐ
非洲水牛可以说是非洲最成功的植食动物，它们体
cháng mǐ gāo mǐ zhòng qiān kè shì fēi zhōu cǎo yuán shang tǐ xíng zuì
长3.4米，高1.7米，重900千克，是非洲草原上体形最
dà de dòng wù zhī yī tā men zhǔ yào shēng huó zài fēi zhōu de píng yuán zhǎo zé yǐ
大的动物之一。它们主要生活在非洲的平原、沼泽，以
jí cǎo chǎng hé sēn lín de zhǔ yào shān mài dì dài shuǐ niú jì kě yǐ jū zhù zài gāo hǎi bá
及草场和森林的主要山脉地带。水牛既可以居住在高海拔
de shān mài dì qū zhōng zhí wù mì jí de dì fang yě kě yǐ zài kāi fàng de lín dì hé cǎo
的山脉地区中植物密集的地方，也可以在开放的林地和草
dì shēng huó
地生活。

迷你档案馆

中文名：水牛
英文名：Buffaloes
类别：哺乳动物
科：牛科
分布地：亚洲、澳洲

水牛交配和分娩都在雨季进行。母牛第一次交配在5岁后，怀孕期为11.5个月。出生后的头几个星期，新生牛犊会隐藏在植被里，公牛在2岁时会离开它们的母亲，正式加入水牛群体。

虽然非洲水牛是植食动物，但也是非洲草原上最可怕的动物之一。因为它们总是集体作战，成百上千头水牛在一头水牛的带领下组成巨大的方阵冲向入侵者，方阵的行进速度高达60千米/时。在这种情况下，任何动物都会被踏成肉泥。而事实上，人类才是它们唯一的天敌。因为即使是狮子，在这种情况下也会给它们让路。在非洲草原上，每年都会有非洲水牛伤人的事件发生，而且人数每年都在增加，可以说死于非洲水牛牛蹄下的人比其他任何动物杀死的人数都要多。

迷彩战士——斑马

斑马是珍奇的观赏性动物，但由于人们的大量捕杀，部分种类已经灭绝，剩下的也濒临灭绝。

bān mǎ shì dòng wù jiè de mí cǎi zhàn shì tā men shēn shang hēi bái xiāng jiàn de pí máo fēi cháng piào liang bān mǎ shēn shang tè shū de huā wén néng gòu rǎo luàn dí rén de shì xiàn bāng zhù tā men táo lí wēi xiǎn cóng zhè ge céng miàn shang jiǎng zhè jiàn mí cǎi fú yě shì yí jiàn dú tè de yǐn xíng yī

斑马是动物界的迷彩战士，它们身上黑白相间的皮毛非常漂亮。斑马身上特殊的花纹能够扰乱敌人的视线，帮助它们逃离危险，从这个层面上讲，这件“迷彩服”也是一件独特的“隐形衣”。

bān mǎ shēn shang nà xiē hēi bái xiāng jiàn de tiáo wén xī shōu hé fǎn shè de yáng guāng shì fēi cháng bù tóng de zhè yàng néng gòu yǐn qǐ shì jué wù chā dāng shī zi fā xiàn bān mǎ shí hěn róng yì bèi bān mǎ shēn shang hēi bái jiāo cuò de tiáo wén zhuō nòng tā men kàn dào de shì yí piàn yí piàn de tiáo wén ér bù zhī dao cóng nǎ

斑马身上那些黑白相间的条纹吸收和反射的阳光是非常不同的，这样能够引起视觉误差，当狮子发现斑马时，很容易被斑马身上黑白交错的条纹捉弄，它们看到的是一片一片的条纹，而不知道从哪

lǐ xià shǒu cái néng zhuā zhù bān mǎ
里下手才能抓住斑马。

suī rán bān mǎ shēn shang dōu yǒu hēi bái xiāng jiàn de tiáo wén dàn méi yǒu tiáo wén wán
虽然斑马身上都有黑白相间的条纹，但没有条纹完
quán xiāng tóng de liǎng zhī bān mǎ kē xué jiā men tuī cè zài bān mǎ shàng zài pēi tāi
全相同的两只斑马。科学家们推测，在斑马尚在胚胎
de shí hou tā men shēn shang de tiáo wén jiù yǐ rán chéng xíng le tiáo wén de wén lù yě yǐ
的时候它们身上的条纹就已然成形了，条纹的纹路也已
jīng gù dìng le
经固定了。

bān mǎ xǐ huan qún jū shēng huó tā
斑马喜欢群居生活，它
men xǐ huan shēng huó zài shuǐ cǎo fēng měi de cǎo
们喜欢生活在水草丰美的草
yuán shang zài quē fá shí wù hé shuǐ fen de
原上，在缺乏食物和水分的
shí hou tā men zé huì chéng qún qiān xǐ bān
时候它们则会成群迁徙。斑
mǎ mā ma zài xiǎo bān mǎ chū shēng hòu huì huā
马妈妈在小斑马出生后，会花
hěn jiǔ de shí jiān tiǎn xiǎo bān mǎ de shēn tǐ
很久的时间舔小斑马的身体，
lái shú xī tā men shēn tǐ de qì wèi zēng jìn bǐ
来熟悉它们身体的气味，增进彼
cǐ jiān de gǎn qíng jiāo liú bān mǎ de tiān dí
此间的“感情交流”。斑马的天敌
fēi cháng duō tā men zuì hài pà de shì shī zi hé
非常多，它们最害怕的是狮子和
liè gǒu jiǎo huá de shī zi cháng cháng tōu xí mǔ
鬣狗。狡猾的狮子常常偷袭母
bān mǎ hé xiǎo bān mǎ
斑马和小斑马。

迷你档案馆

中文名：斑马
英文名：Zebra
类别：哺乳动物
科：马科
分布地：非洲

“犀牛王”——白犀牛

白犀牛生活在非洲南部和中部的大草原和林地。它们要求生活的区域地形比较平坦，那里有丰美的草场和丰沛的水源，同时还要有灌木作为掩护。白犀牛没有门牙和犬齿，它们用嘴唇采集食物。白犀牛有两个亚种：北部白犀牛和南部白犀牛。

20世纪，北部白犀牛的数量多过南部白犀牛，分布在许多非洲国家。现在人们只能在刚果民主共和国的加兰巴国家中看到北部白犀牛的身影。1997年的调查显

白犀牛体大威武，形态奇特，是体形最大的犀牛，堪称“犀牛之王”。

示白犀牛仅存25只。南部白犀牛以前生活在安哥拉东南部、莫桑比克中部和南部、津巴布韦、博茨瓦纳、东部纳米比亚，以及南非的北部和东部。一直以来人们都以为白犀牛已经灭绝，直到1895年在南非德班发现南部白犀牛。

今天它们主要生活在南部非洲的保护区内，特别是德班保护区内。博茨瓦纳、纳米比亚、斯威士兰、津巴布韦和莫桑比克还有少量的南部白犀牛。

白犀牛的社会结构比较复杂，一个家庭族群中会包括多至14个成员，但较小的族群可能只有母牛和小犀牛。雄性白犀牛占领的地域小于雌性，但允许成年雌性在它们的领域中活动。

迷你档案馆

中文名：树懒
英文名：Folivora
类别：哺乳动物
科：树懒科
分布地：美洲南部到阿根廷东北部地区

“非洲巨人”——非洲象

chéng nián fēi zhōu xiàng tǐ xíng jù dà tǐ zhòng yì bān dōu huì zài dūn yǐ shàng
成年非洲象体形巨大，体重一般都会在4吨以上，
dà de shèn zhì kě yǐ dá dào dūn fēi zhōu xiàng yí gòng fēn wéi liǎng zhǒng fēi zhōu cǎo
大的甚至可以达到10吨。非洲象一共分为两种：非洲草
yuán xiàng hé fēi zhōu sēn lín xiàng wǒ men cháng jiàn de fēi zhōu cǎo yuán xiàng shì shì jiè shang
原象和非洲森林象。我们常见的非洲草原象是世界上
zuì dà de lù shēng bǔ rǔ dòng wù tā men de ěr duo dà qiě xià bù bǐ jiào jiān bú lùn cí
最大的陆生哺乳动物。它们的耳朵大且下部比较尖，不论雌
xióng dōu yǒu cháng ér wān de xiàng yá kàn shang qu hān tài kě jū fēi cháng kě ài tā
雄都有长而弯的象牙，看上去憨态可掬，非常可爱。它
men de píng jūn shòu mìng wéi nián nián
们的平均寿命为60年—70年。

fēi zhōu sēn lín xiàng ěr duo bǐ jiào yuán tǐ xíng xiāng duì yú fēi zhōu cǎo yuán xiàng lái shuō jiào xiǎo tā men de shēn gāo yì bān bù chāo guò mǐ qián zú yǒu zhǐ hòu zú hé yà zhōu xiàng yí
非洲森林象耳朵比较圆，体形相对于非洲草原象来说较小，它们的身高一般不超过2.5米，前足有5趾，后足和亚洲象一

yàng yǒu zhǐ xiàng yá zhì dì bǐ jiào jiān yìng fēi zhōu
样有4趾，象牙质地比较坚硬。非洲
xiàng hòu hòu de huī sè huò zōng huī sè pí fū shang
象厚厚的灰色或棕灰色皮肤上
zhǎng yǒu gāng máo hé mǐn gǎn de máo fà wèi
长有刚毛和敏感的毛发。为
le bì miǎn pí fū bú shòu yáng guāng zhuó shài huò
了避免皮肤不受阳光灼晒或
wén chóng dīng yǎo fēi zhōu xiàng jīng cháng zài ní
蚊虫叮咬，非洲象经常在泥
zhōng dǎ gǔn huò yòng tā men de bí zi zài shēn
中打滚，或用它们的鼻子在身
tǐ shang pēn sǎ ní jiāng fēi zhōu xiàng shǐ yòng xiàng yá cǎi jí
体上喷洒泥浆。非洲象使用象牙采集
shí wù bān yùn dōng xi yě yòng tā lái zuò wéi gōng jī de
食物、搬运东西，也用它来作为攻击的
wǔ qì
武器。

fēi zhōu xiàng guò zhe shè huì xìng hěn qiáng de qún jū shēng huó xiàng qún yì bān yóu
非洲象过着社会性很强的群居生活，象群一般由30
zhī zhī cí xiàng hé yòu xiàng zǔ chéng yì zhī zuì lǎo de cí xiàng shì zhè ge jiā tíng de
只~40只雌象和幼象组成，一只最老的雌象是这个家庭的
shǒu lǐng qí chéng dān zhe zuò wéi yí gè zhǎng zhě de zé rèn zhào gù hǎo jiā tíng
首领，其承担着作为一个“长者”的责任，照顾好家庭
zhōng suǒ yǒu de chéng yuán dāng lǎo
中所有的成员。当老
xiàng sǐ wáng shí qí tā de tóng bàn huì
象死亡时，其他的同伴会
fēi cháng bēi āi bìng qiě huì bú duàn de
非常悲哀，并且会不断地
yáo tā shì tú jiāng qí yáo xǐng
摇它，试图将其摇醒。

中文名：非洲象
英文名：African Elephant
类别：哺乳动物
科：象科
分布地：非洲

水中主宰——河马

河马是世界上嘴最大的陆生哺乳动物。最初，它们遍布于非洲的深水河流与溪流中，现在的栖息范围已缩小到非洲热带的河流间。河流附近的沼泽地和有芦苇的环境是河马的最佳居住区。河马很少上岸活动，甚至觅食、繁殖、哺乳都是在水中进行的。

河马一般是成对或小群体活动，只有那些年老的雄性河马才经常单独活动。它们几乎整个白天都在河水或是河流附近睡觉或休息，到了晚上才出来寻找水生植物吃，很少会吃陆地上的草或庄稼。当食物短缺时，它们也

huì chī ròu　yǒu shí wèi le xún zhǎo chōng zú de shí
会吃肉。有时为了寻找充足的食
wù　hé mǎ huì shùn shuǐ yóu chū sān shí duō qiān mǐ
物，河马会顺水游出三十多千米
yuǎn　hé mǎ bú huì zài tóng yí gè dì fang tíng
远。河马不会在同一个地方停
liú hěn cháng shí jiān　tā men měi gé shù rì jiù
留很长时间，它们每隔数日就
huàn yí gè dì fang shēng huó
换一个地方生活。

hé mǎ shì yì zhǒng shàn yú yóu yǒng de bǔ rǔ
河马是一种善于游泳的哺乳
dòng wù　dà bù fen qíng kuàng xià hé mǎ shòu jīng hòu huì bì rù shuǐ zhōng　tā men měi tiān dà
动物，大部分情况下河马受惊后会避入水中。它们每天大
bù fen shí jiān pào zài shuǐ zhōng　yì bān měi sān wǔ fēn zhōng jiù huì bǎ tóu lòu chū shuǐ miàn hū
部分时间泡在水中，一般每三五分钟就会把头露出水面呼
xī yí cì　tā men néng qián shuǐ yuē bàn xiǎo shí cái huàn yí cì qì　hé mǎ de shí liàng hěn
吸一次，它们能潜水约半小时才换一次气。河马的食量很
dà　zuì duō shí yì tiān huì chī diào　qiān kè de cǎo
大，最多时一天会吃掉130千克的草。

hé mǎ de fán zhí méi yǒu gù dìng shí jiān　yì nián zhōng de rèn hé jì jié dōu yǒu kě néng
河马的繁殖没有固定时间，一年中的任何季节都有可能
fán zhí　tā men měi cì jǐn chǎn yì tāi
繁殖，它们每次仅产一胎。

河马的眼睛、耳朵、和鼻孔都在河马的头顶。

中文名：河马
英文名：Hippopotamus
类别：哺乳动物
科：河马科
分布地：非洲

擅长装死的负鼠

负鼠属于袋类动物，与袋鼠是近亲，主要分布于南美洲。负鼠的外形很像老鼠，长着尖尖的嘴巴，满脸都是胡须，尾巴很长。因为小负鼠能爬到自己妈妈的尾巴上，让妈妈背着行走，因此而得名“负鼠”。负鼠个体虽小，却有一套摆脱捕食者的绝招——装死。当捕食者追捕负鼠时，负鼠经常从急跑状态突然停下，躺下装死，这时，捕食者就会产生恐惧反应而停步。负鼠见势又突然高速奔跑，捕食者一惊，便不敢继续追捕。这样，负鼠便摆脱了捕食者的追杀。

利用装死来逃避捕食者的追杀是动物的一种自卫手段，是一种心理自卫对策。装死能引

中文名：负鼠
英文名：Playful Possum
类别：哺乳动物
科：负鼠科
分布地：拉丁美洲

qǐ bǔ shí zhě de má bì qíng xù tóng shí zhuāng sǐ zào chéng dòng
起捕食者的麻痹情绪，同时装死造成动
wù cóng jī liè huó dòng dào zhòu rán tíng zhǐ de tū rán biàn huà huì
物从激烈活动到骤然停止的突然变化，会
shǐ bǔ shí zhě gǎn dào kǒng jù ér tíng zhǐ zhuī shā yì bān qíng kuàng
使捕食者感到恐惧而停止追杀。一般情况
xià zài xiōng cán de bǔ shí zhě dōu bú huì lì jí jiē jìn gāng sǐ qù de
下，再凶残的捕食者都不会立即接近刚死去的
dòng wù zhè yàng fù shǔ de táo pǎo jiù chéng gōng le yí bàn
动物，这样，负鼠的逃跑就成功了一半。

yì xiē kē xué jiā yùn yòng diàn shēng lǐ de yuán lǐ duì fù shǔ jìn
一些科学家运用电生理的原理对负鼠进
xíng huó tǐ nǎo cè shì shí yàn fā xiàn fù shǔ chǔ yú zhuāng sǐ zhuàng
行活体脑测试实验，发现负鼠处于装死状
tài shí qí dà nǎo cóng wèi tíng zhǐ huó dòng ér qiě gōng zuò xiào lǜ
态时，其大脑从未停止活动，而且工作效率
xiāng dāng gāo
相当高。

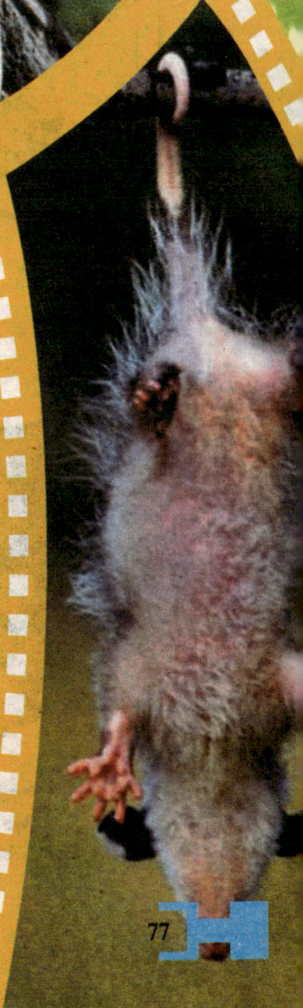

黑夜行者——狼

láng shì yì zhǒng xiōng měng de shí ròu dòng wù zhǎng xiàng
狼是一种凶猛的食肉动物，长相
yǔ jiā quǎn shí fēn xiāng sì dàn láng de zuǐ bǐ jiào jiān ěr duo
与家犬十分相似，但狼的嘴比较尖，耳朵
shì zhí lì zhe de wěi ba xià chuí pí máo tōng cháng wéi huáng
是直立着的，尾巴下垂。皮毛通常为黄
hè sè liǎng jiá yǒu bái bān jīng cháng zhòu fú yè chū bǔ
褐色，两颊有白斑。经常昼伏夜出，捕
shí yě shēng dòng wù láng fēi cháng cōng míng yǒng gǎn shēng
食野生动物。狼非常聪明勇敢，生
xìng xiōng měng zài shí wù kuì fá de shí hou yǒu kě néng bǔ shí
性凶猛，在食物匮乏的时候有可能捕食
niú yáng dàn jí shǎo xí jī rén lèi
牛羊，但极少袭击人类。

dōng jì shí wù duǎn quē de shí hou tā men huì chéng qún liè
冬季食物短缺的时候它们会成群猎
shí yě hěn yǒu kě néng chéng qún de bǔ shā bǐ tā men shēn tǐ
食，也很有可能成群地捕杀比它们身体
dà hěn duō bèi de dòng wù shèn zhì huì gōng jī qí tā ròu shí dòng
大很多倍的动物，甚至会攻击其他肉食动
wù láng zì gǔ yǐ lái jiù liú gěi rén men yì zhǒng hěn dú cán
物。狼自古以来就留给人们一种狠毒残
bào de yìn xiàng láng yǒu shí yě huì shāng hài rén hé chù
暴的印象，狼有时也会伤害人和畜。

狼是群居性极高的动物。一般狼群中狼的数量大约在5只~12只，在冬天寒冷的时候最多可以达到40只左右，通常以家庭为单位的狼群由一对比较强壮的配偶领导，而以兄弟姐妹为一群的则以一头狼为领导。狼群的领域意识很强，并且它们的领域范围通常也就是其活动范围，群内个体数量如果有所增加，其领域范围就会相对缩小。但是狼群之间的领域范围不会出现重叠的现象，它们会以嚎叫声向其他狼群宣告自己狼群的领地范围。

狼的奔跑速度极快，可以达到55千米/时，并且狼的耐力也非常强。狼很聪明，它们能够以气味、叫声来沟通。

迷你档案馆

中文名：狼

英文名：Wolf

类别：哺乳动物

科：犬科

分布地：世界性分区

高山草原的猎手——雪豹

xuě bào shì zài yì zhǒng měi lì de bīn wēi māo kē dòng wù xuě bào bèi yù wéi shì jiè
雪豹是在一种美丽的濒危猫科动物。雪豹被誉为世界
shang zuì měi lì de māo kē dòng wù shì zhōng yà gāo yuán tè yǒu de wù zhǒng yě shì wǒ
上最美丽的猫科动物，是中亚高原特有的物种，也是我
guó yī jí bǎo hù dòng wù hé dà xióng māo yí yàng zhēn guì
国一级保护动物，和大熊猫一样珍贵。

xuě bào yīn zhōng nián shēng huó zài xuě xiàn fù jìn ér dé míng yòu míng cǎo bào ài yè
雪豹因终年生活在雪线附近而得名，又名草豹、艾叶
bào qí tóu xiǎo ér yuán wěi máo cháng ér róu zhōu shēn zhǎng zhe xì ruǎn hòu mì de bái
豹。其头小而圆，尾毛长而柔，周身长着细软厚密的白
máo shàng miàn fēn bù zhe xǔ duō bù guī zé de hēi sè yuán huán wài xíng sì hǔ wěi ba
毛，上面分布着许多不规则的黑色圆环，外形似虎，尾巴
shèn zhì bǐ shēn zi hái cháng xuě bào yì bān
甚至比身子还长。雪豹一般
tǐ cháng mǐ mǐ wěi cháng lí
体长1.1米~1.3米，尾长80厘
mǐ lí mǐ zhòng qiān kè
米~90厘米，重30千克~60
qiān kè yǔ píng yuán bào bù tóng de
千克。与平原豹不同的

中文名：雪豹

英文名：Snow Leopard

类别：哺乳动物

科：猫科

分布地：亚洲

shì xuě bào de qián zhǎng bǐ jiào fā dá qí qián zhī zhǔ yào
是，雪豹的前掌比较发达，其前肢主要
yòng yú pān pá
用于攀爬。

xuě bào yì bān qī jū zài duō yán shí de gāo hǎi bá dì qū xuě bào xiōng měng yì
雪豹一般栖居在多岩石的高海拔地区。雪豹凶猛异
cháng shàn yú zài shān yán shang tiào yuè tā men bǎ shēn tǐ quán suō qi lai yǐn cáng zài yán
常，善于在山岩上跳跃。它们把身体蜷缩起来隐藏在岩
shí zhī jiān dāng liè wù jīng guò shí tā men huì tū rán yuè qǐ xí jī zài dōng tiān zhǎo bú
石之间，当猎物经过时，它们会突然跃起袭击。在冬天找不
dào shí wù shí tā men huì pǎo dào dī shān qū tōu shí rén lèi de jiā chù hé jiā qín
到食物时，它们会跑到低山区偷食人类的家畜和家禽。

huáng hūn hé lí míng shì xuě bào huó dòng zuì pín fán de shí hou bái tiān yě ǒu ěr chu
黄昏和黎明是雪豹活动最频繁的时候，白天也偶尔出
lai xuě bào xǐ huan zǒu shān jǐ hé xī gǔ bù xǐ huan zài guàn mù cóng hé zá lín zhōng
来。雪豹喜欢走山脊和溪谷，不喜欢在灌木丛和杂林中
chuān suō yě bù xǐ huan zǒu kōng kuàng
穿梭，也不喜欢走空旷
de shān pō hé sōng ruǎn de xuě céng tā
的山坡和松软的雪层。它
jīng cháng yán zhe zì jǐ cǎi chū de xiǎo jìng
经常沿着自己踩出的小径
xíng zǒu
行走。

风之使者——猎豹

猎豹主要分布在非洲，栖息于有丛林或疏林的干燥地区，平时独居，仅在交配季节成对地出现，也有由母豹带领4只~5只幼豹的群体。猎豹是奔跑速度最快的哺乳动物，每小时可达115千米。以羚羊等中、小型动物为食。除以高速追击的方式进行捕食外，猎豹也采取伏击的方法，隐匿在草丛和灌木丛中，待猎物接近时突然窜出猎取。

猎豹的头比较小，鼻子两边各有一条明显的黑色条纹，从眼角处一直延伸到嘴边，如同两条泪痕。它们身长140

lí mǐ lí mǐ gāo yuē lí mǐ lí mǐ
厘米~220厘米，高约75厘米~85厘米。
tā men de sì zhī yě hěn cháng hái yǒu yì tiáo cháng
它们的四肢也很长，还有一条长
cháng de wěi ba liè bào de máo fà chéng qiǎn jīn sè
长的尾巴。猎豹的毛发呈浅金色，
shàng miàn diǎn zhuì zhe hēi sè de yuán xíng bān diǎn bèi
上面点缀着黑色的圆形斑点，背
shang hái zhǎng yǒu yì tiáo xiàng zōng máo yí yàng de máo
上还长有一条像鬃毛一样的毛
fà liè bào de zhuǎ zi yǒu xiē lèi sì gǒu zhuǎ yīn wèi
发。猎豹的爪子有些类似狗爪，因为
tā men bù néng xiàng qí tā de māo kē dòng wù yí yàng bǎ
它们不能像其他的猫科动物一样把
zhuǎ zi wán quán shōu huí ròu diàn li ér shì zhǐ néng shōu
爪子完全收回肉垫里，而是只能收
huí yí bàn
回一半。

liè bào wú fǎ hé qí tā dà xíng liè shí dòng wù rú
猎豹无法和其他大型猎食动物如
shī zi liè gǒu děng duì kàng xīn kǔ
狮子、鬣狗等对抗，辛苦
bǔ lái de liè wù jīng cháng bèi tā men
捕来的猎物经常被它们
qiǎng zǒu rú guǒ yì tóu liè bào lián xù
抢走。如果一头猎豹连续
zhuī liè cì bù chéng gōng huò liè wù bèi
追猎5次不成功或猎物被
qiǎng zǒu jiù yǒu kě néng è sǐ yīn
抢走，就有可能饿死，因
wèi tā zài méi yǒu lì qì bǔ liè le
为它再没有力气捕猎了。

迷你档案馆

中文名：猎豹
英文名：Cheetah
类别：哺乳动物
科：猫科
分布地：非洲、西亚

草原王者——狮子

狮子是草原上力量最强大的猫科动物。它们拥有威武的身姿、漂亮的外形、王者般的力量和梦幻般的速度，这一切使它赢得了“万兽之王”的美誉。狮子的肩高和头骨大小堪称猫科动物之最，雄狮的头部全长一般在35厘米～38厘米，而雌狮的头部全长一般在28厘米～32厘米。从这组数据我们可以看出，在狮子的世界中，雄狮要普遍大于雌狮。

迷你档案馆

中文名：狮子
英文名：Lion
类别：哺乳动物
科：猫科
分布地：非洲、欧洲、亚洲

shī zi de máo fà bǐ
狮子的毛发比
jiào duǎn tǐ sè yì bān yǒu
较短，体色一般有
qiǎn huī huáng sè huò chá
浅灰、黄色或茶
sè jǐ zhǒng bù tóng de yán sè
色几种不同的颜色，
xióng shī zhǎng yǒu hěn cháng de zōng máo tā men de
雄狮长有很长的鬃毛，它们的
zōng máo yǒu dàn zōng sè shēn zōng sè hēi sè děng
鬃毛有淡棕色、深棕色、黑色等
děng cháng cháng de zōng máo yì zhí yán shēn dào jiān
等，长长的鬃毛一直延伸到肩
bù hé xiōng bù ràng xióng shī kàn qi lai gèng jiā wēi
部和胸部，让雄狮看起来更加威
wǔ xióng zhuàng shī zi de tóu bù jù dà liǎn xíng pō
武雄壮。狮子的头部巨大，脸型颇
kuān bí gǔ jiào cháng bí tóu shì hēi sè de ěr duo duǎn ér
宽，鼻骨较长，鼻头是黑色的，耳朵短而
yuán shī zi de qián zhī yào bǐ hòu zhī gèng jiā qiáng zhuàng yǒu lì tā men de zhuǎ zi yě
圆。狮子的前肢要比后肢更加强壮有力，它们的爪子也
hěn kuān shī zi de wěi ba xiāng duì bǐ jiào cháng mò duān hái yǒu yí cù shēn sè cháng
很宽。狮子的尾巴相对比较长，末端还有一簇深色长
máo shī zi yì bān yǐ shí ròu wéi zhǔ
毛。狮子一般以食肉为主。

mù qián shī zi zhǔ yào fēn bù zài fēi zhōu de sā hā lā shā mò yǐ nán de cǎo yuán
目前，狮子主要分布在非洲的撒哈拉沙漠以南的草原
shang yīn cǐ xiàn zài jī běn kě yǐ suàn shì fēi zhōu de tè yǒu dòng wù
上，因此现在基本可以算是非洲的特有动物。

耐旱高手——非洲野驴

fēi zhōu yě lǘ bèi rèn wéi shì lǘ de zǔ xiān shì mǎ kē
非洲野驴被认为是驴的祖先，是马科
de yì zhǒng tā men shēng huó zài dōng fēi de cǎo yuán jí qí tā
的一种。它们生活在东非的草原及其他
gān zào de dì qū yǒu liǎng gè yà zhǒng
干燥的地区，有两个亚种。

fēi zhōu yě lǘ tǐ cháng yuē lí mǐ wěi cháng yuē
非洲野驴体长约200厘米，尾长约42
lí mǐ zhòng yuē qiān kè tā de ěr duo bǐ yà zhōu yě
厘米，重约275千克。它的耳朵比亚洲野
lǘ de ěr duo cháng qián tuǐ nèi cè yǒu yí kuài hēi sè yuán xíng
驴的耳朵长，前腿内侧有一块黑色圆形
luǒ bān qí tǐ biǎo de máo duǎn ér píng huá wéi qiǎn huī sè zhì
裸斑。其体表的毛短而平滑，为浅灰色至
huáng hè sè bú guò fù bù jí jiǎo bù zé wéi bái sè fēi zhōu
黄褐色，不过腹部及脚部则为白色。非洲
yě lǘ de zōng máo hěn duǎn jiān bù yǒu yī dào hēi sè héng
野驴的鬃毛很短，肩部有一道黑色横
wén wěi bù mò duān yǒu cháng máo
纹，尾部末端有长毛。

fēi zhōu yě lǘ yǒu néng shì yìng gān zào huán jìng de shēn tǐ
非洲野驴有能适应干燥环境的身体

迷你档案馆

中文名：非洲野驴
英文名：Equus Africanus
类别：哺乳动物
科：马科
分布地：东非草原及其他干燥地区

gòu zào duì shuǐ yuán yāo qiú bù
构造，对水源要求不
gāo zhǔ yào qī xī yú gān hàn
高，主要栖息于干旱
hé bàn gān hàn de luǒ yán huāng mò
和半干旱的裸岩荒漠
dì qū tā men yǐ shā mò zhí
地区。它们以沙漠植
wù wéi shí zhǔ yào shí wù wéi
物为食，主要食物为
cǎo shù pí jí shù yè děng
草、树皮及树叶等。

fēi zhōu yě lǘ xǐ huan qún
非洲野驴喜欢群
jū yì bān zhī zhī wéi
居，一般10只~15只为
yí gè qún tǐ měi ge qún tǐ
一个群体，每个群体
yóu yì tóu jī jǐng de cí lǘ dài
由一头机警的雌驴带
lǐng zài mù chén jí huáng hūn wēn
领，在暮晨及黄昏温
dù jiào dī de shí hou chū mò tā men huì zài shí shān fù jìn xún zhǎo yīn liáng huò zhē gài chù qī
度较低的时候出没，它们会在石山附近寻找阴凉或遮盖处栖
xī jí biàn shì zài cū cāo de shān shí jiān xíng zǒu tā men de xíng dòng yī rán xùn sù mǐn
息。即便是在粗糙的山石间行走，它们的行动依然迅速敏
jié bù lǚ wěn jiàn bēn pǎo sù dù kě dá qiān mǐ shí chéng shú de xióng xìng yě lǘ
捷，步履稳健，奔跑速度可达50千米/时。成熟的雄性野驴
huì bǎo wèi zì jǐ yuē qiān mǐ fàn wéi de lǐng dì bìng zài biān jiè bǎi fàng fèn duī zuò wéi
会保卫自己约23千米范围的领地，并在边界摆放粪堆作为
zhòng yào de lǐng dì jì hào
重要的领地记号。

“非洲死神”——黑曼巴蛇

黑曼巴蛇又叫黑树眼镜蛇，是第二大陆生毒蛇类，也是曼巴蛇类中，体形最大的一种。黑曼巴蛇的名字源于其乌黑的口腔。黑曼巴蛇是非洲最大的毒蛇，栖息于开阔的灌木丛及草原等比较干燥的地带，是已知杀伤力最大、体形最长、速度最快、攻击性最强的蛇类之一。黑曼巴蛇排世界十大毒王的第10名。

迷你档案馆

中文名：黑曼巴蛇
英文名：Black Mamba
类别：爬行动物
科：眼镜蛇科
分布地：非洲南部

黑曼巴蛇体形修长，成蛇一般都超过了2米，最长可达4.5米。其头部呈长方形，体色为灰褐色，由背脊至腹部逐渐变浅。黑曼巴蛇属于前沟牙毒蛇，毒液为神经毒，毒性极强。任何时候，黑曼巴的毒牙里都有20滴毒液，只需两滴毒液就可以致人死亡，人们因此称它为“非洲死神”。黑曼巴蛇天生攻击性强，它可以一跃而起，挺直身躯站立。黑曼巴蛇爬行时一般抬起1/3身体，当受到威胁时，黑曼巴蛇能高高竖起身体的2/3，并且张开黑色的大口发动攻击。

黑曼巴蛇除栖息在树上外，还会在地面猎食，主要以小型哺乳动物像老鼠等为食，也会捕食蜥蜴、小型鸟类等。它能以高达19千米的时速追逐猎物。

植物克星——蝗虫

huángchóng jiù shì rén menpíng shí suǒchēng de zhàměng tā menshànchángtiàoyuè
蝗虫就是人们平时所称的“蚱蜢”，它们擅长跳跃，
yě hěnshàncháng fēi xíng shì yì zhǒng duì nóng yè shēngchǎn wēi hài hěn dà de hài chóng
也很擅长飞行，是一种对农业生产危害很大的害虫。

huáng chóng de shēng mìng lì wán qiáng shù liàng jí duō néng zài gè zhǒng chǎng suǒ
蝗虫的生命力顽强，数量极多，能在各种场所
qī xī zài shān qū sēn lín dī wā dì qū bàn gān hàn qū cǎo yuán děng dì fēn bù
栖息。在山区、森林、低洼地区、半干旱区、草原等地分布
zuì duō huáng chóng de shēn tǐ kě yǐ fēn wéi tóu xiōng fù sān gè bù fen tā men cū
最多。蝗虫的身体可以分为头、胸、腹三个部分。它们粗
zhuàng yǒu lì de hòu tuǐ yòng yú tiào yuè yí duì qián chì zhǎng zài zhōng xiōng de
壮有力的后腿用于跳跃，一对前翅长在中胸的

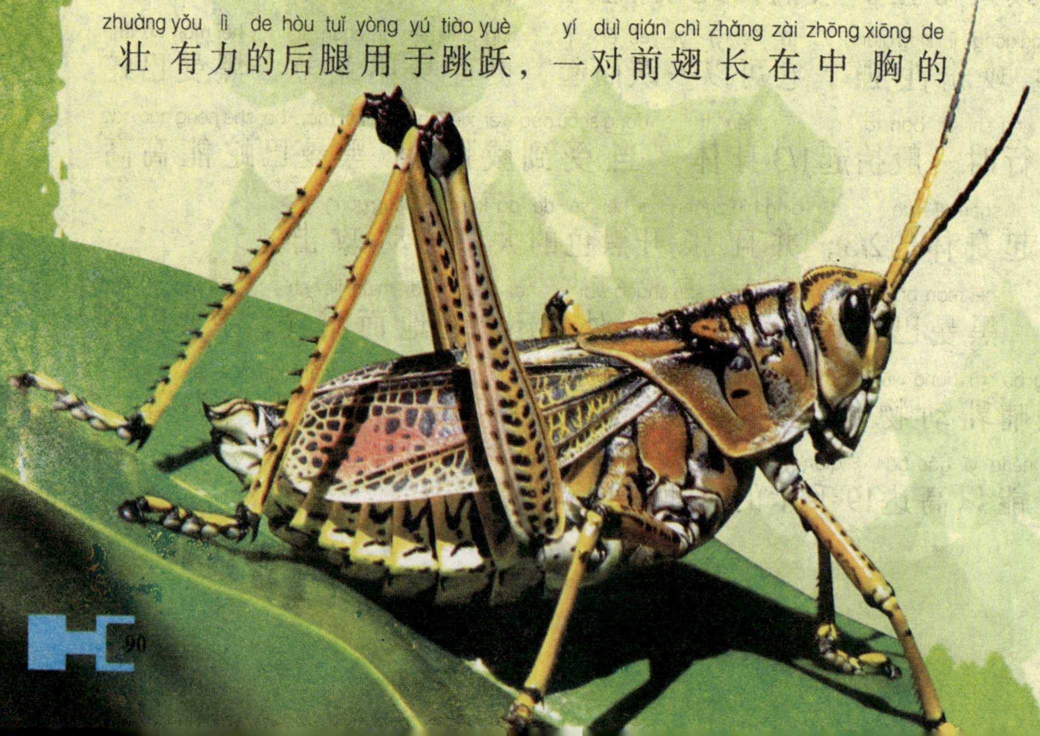

迷你档案馆

中文名：蝗虫
英文名：Locust
类别：昆虫
科：蝗科
分布地：世界性分布

背面，坚韧、狭长，有保护后翅的作用，后胸背面长有一对后翅，柔软而宽大，非常适于飞行。蝗虫具有惊人的飞翔能力，它们可以连续飞行1天—3天。

蝗虫喜欢成群结队的活动，很少有单独行动的蝗虫。它们无论是在地面栖息，还是需要寻找食物时候，或者是在天空中飞翔的时候，都是成群结队的。蝗虫飞过时，群蝗振翅的声音响得惊人，就像海洋中的风暴在呼啸一样。它们的活动范围很大，经常成群结队地从一个地方飞到很远的另一个地方，但是，如果是很大一群蝗虫迁徙的话，那么它们所经之处的农作物就会受到严重的破坏，甚至绝产。

自然界清道夫——蜣螂

蜣螂俗称屎克螂，属昆虫纲鞘翅目蜣螂科，是大中型昆虫。世界上有两万多种蜣螂，分布在除南极洲以外的任何一块大陆上。其中最著名的蜣螂生活在埃及，有1厘米~2.5厘米长。世界上最大的蜣螂是身长为10厘米的巨蜣螂。

蜣螂全身呈黑色或黑褐色，稍带光泽。体表有坚硬的外骨骼，复眼发达，有咀嚼式口器，触角呈鳃叶状。它有3对足，足适于开掘；有2对翅，前翅已经角质化，后翅膜质，呈黄色或黄棕色。发育方式为完全变态。雄蜣螂体

cháng wéi lí mǐ lí
长为3.3厘米～3.5厘
mǐ cí chóng jiào xióng chóng lüè
米，雌虫较雄虫略
xiǎo xióng chóng tóu bù qián fāng
小。雄虫头部前方
chéng shàn miàn zhuàng biǎo miàn
呈扇面状，表面
yǒu yú lín zhuàng zhòu wén zhōng yāng yǒu lüè chéng fāng xíng
有鱼鳞状皱纹，中央有略呈方形
de jiǎo tū qí hòu fāng liǎng cè yǒu fù yǎn fù yǎn jiān yǒu
的角突；其后方两侧有复眼，复眼间有
yí guāng liàng wú zhòu wén de xiá dài cí chóng wài xíng yǔ
一光亮无皱纹的狭带。雌虫外形与
xióng chóng hěn xiāng sì qiāng láng néng lì yòng yuè guāng piān
雄虫很相似。蜣螂能利用月光偏
zhèn xiàn xiàng jìn xíng dìng wèi yǐ bāng zhù qǔ shí yǒu yí
振现象进行定位，以帮助取食。有一
dìng de qū guāng xìng
定的趋光性。

duō shù qiāng láng yǐ dòng wù de fèn biàn wéi shí yǒu zì rán jiè de qīng dào fū de
多数蜣螂以动物的粪便为食，有“自然界的清道夫”的
chēng hào tā cháng jiāng fèn biàn zhì chéng qiú zhuàng gǔn dòng dào jū zhù de dì fang cáng qi
称号。它常将粪便制成球状，滚动到居住的地方藏起
lai rán hòu zài màn màn chī diào qiāng
来，然后再慢慢吃掉。蜣
láng kě yǐ gǔn dòng yí gè bǐ tā shēn tǐ dà
螂可以滚动一个比它身体大
de duō de fèn qiú cí qiāng láng zé huì zài
得多的粪球。雌蜣螂则会在
fèn qiú zhōng chǎn luǎn yòu chóng yǐ fèn qiú
粪球中产卵，幼虫以粪球
wéi shí
为食。

中文名：蜣螂
英文名：Dung Beetle
类别：昆虫
科：蜣螂科
分布地：世界性分布

草原之蝗——草蛉

cǎo líng de wài xíng hé qīng tíng jí wéi xiāng
草蛉的外形和蜻蜓极为相
sì yuǎn yuǎn kàn qù cǎo líng jiù shì suō xiǎo
似，远远看去，草蛉就是缩小
bǎn de qīng tíng suǒ yǐ wǒ men yě bǎ cǎo líng
版的蜻蜓，所以我们也把草蛉
chēng wéi cǎo qīng tíng huò zhě cǎo qīng líng
称为草蜻蜓或者草蜻蛉。

cǎo líng shēn tǐ xì cháng kàn shang qu
草蛉身体细长，看上去
fēi cháng róu ruò cǎo líng quán shēn zhǔ yào wéi
非常柔弱，草蛉全身主要为
lǜ sè huáng sè huò huī bái sè duō shù
绿色、黄色或灰白色，多数
zhǒng lèi de cǎo líng quán shēn wéi cuì lǜ sè
种类的草蛉全身为翠绿色。
tā men jù yǒu tóng sè de fù yǎn xì cháng de
它们具有铜色的复眼、细长的
chù jiǎo chéng cháng sī zhuàng chì bǎng báo rú
触角呈长丝状；翅膀薄如
qīng shā bān tòu míng dàn shì shí fēn kuān dà
轻纱般透明，但是十分宽大，
qián hòu chì de xíng zhuàng hé mài xiàng fēi cháng
前后翅的形状和脉相非常

相似，翅脉为绿色或黄色。

草蛉是一种对人类生产有益的昆虫，它们常常飞翔于草木之间。

草蛉一生中要经历卵、幼虫、蛹和成虫这四种不同的形态。草蛉的卵和蛹是不能自己捕食的，草蛉捕食主要是在其幼虫和成虫时期，其中尤以幼虫期捕食量最大。草蛉的幼虫被称为蚜狮，它以农作物中的害虫蚜虫为食。平均一天可以捕食一百多只蚜虫。因此，它是生物防治中很有利用前景的一类昆虫，人类不仅要加以保护，而且还要进行深入的研究，从而把它们真正应用到生产实践中去，以减少因施用化学农药而对农田和农作物造成的污染。

中文名：草蛉
英文名：Green Lacewings
类别：昆虫
科：草蛉科
分布地：世界性分布

大刀武士——螳螂

tánglánɡ kě wèi shì kūnchónɡ jiè de chánɡjǐnɡ lù
螳螂可谓是昆虫界的“长颈鹿”，
tā xiān xì de bó zi hé qiánxiōnɡ yàozhàn tǐ chánɡ de yí bàn
它纤细的脖子和前胸，要占体长的一半
yǐ shànɡ bìnɡqiě bó zi fēi chánɡ línɡhuó kě yǐ qiánhòu
以上，并且脖子非常灵活，可以前后、
zuǒ yòu zì yóu de yáo bǎi zhuǎndònɡ zhè yànɡ hěn yǒu lì yú tā
左右自由地摇摆转动，这样很有利于它
ɡuānchá hé pànduàn liè wù hé dí rén de wèi zhì wèi tā men de
观察和判断猎物和敌人的位置，为它们的
shēnɡcún tí ɡōnɡ le hěn hǎo de bǎozhànɡ tánglánɡ de tóu zhǎnɡ
生存提供了很好的保障。螳螂的头长
de hěn yǒu yì si chénɡ shànɡ kuān xià zhǎi de sān jiǎo xínɡ
得很有意思，呈上宽下窄的三角形
zhuànɡ tóu dǐnɡ hái shēnɡ yǒu yí duì duō jié chénɡ sī zhuànɡ de
状，头顶还生有一对多节呈丝状的
chù jiǎo tánglánɡ de shēn tǐ dà dū chénɡxiàn chū lǜ sè huò zhě
触角。螳螂的身体大都呈现出绿色或者
hè sè yí duì qiǎn lǜ sè tòu mínɡ de chánɡ chánɡ de chì bǎnɡ
褐色，一对浅绿色透明的长长的翅膀
pī zài bēi hòu
披在背后。

tánglánɡ yǒu yí duì shí fēn yǒu lì de wǔ qì qián
螳螂有一对十分有力的武器——前

雌螳螂与雄螳螂交配后，会一口口地吃掉雄螳螂。

中文名：螳螂
英文名：Mantis
类别：昆虫
科：螳螂科
分布地：世界性分布

zú tā de qián zú jiù xiàng liǎng bǎ dà dāo
足。它的前足就像两把大刀，
ràng táng láng xiǎn de gèng jiā wēi wǔ xióng
让螳螂显得更加威武雄
zhuàng suǒ yǐ wǒ guó yǒu yì xiē dì qū yòu
壮。所以，我国有一些地区又
bǎ táng láng chēng wéi dāo láng zhè duì qián zú
把螳螂称为“刀螂”。这对前足
zhǎng zài táng láng xì cháng de xiōng bù shang qián zú de
长在螳螂细长的胸部上，前足的
qián duān yào bǐ gāng zhēn hái yào ruì lì kūn chóng bèi tā
前端要比钢针还要锐利，昆虫被它
zhuō dào hòu shì hěn nán táo tuō de
捉到后是很难逃脱的。

táng láng xǐ huan qī xī zài zhí wù cóng zhōng tā
螳螂喜欢栖息在植物从中，它
yě yǒu yì zhǒng tè shū de běn lǐng nà jiù shì nǐ
也有一种特殊的本领，那就是“拟
tài tā fēi cháng shàn yú wěi zhuāng zì jǐ cháng
态”。它非常善于伪装自己，常
cháng shì yì shēn cuì lǜ hé zhōu wéi de huán jìng hún rán
常是一身翠绿，和周围的环境浑然
tiān chéng bìng qiě hái huì mó fǎng chéng yè piàn huā
天成，并且还会模仿成叶片、花
duo xiān xì de kū zhī děng xíng zhuàng ràng rén hěn nán
朵、纤细的枯枝等形状，让人很难
fā xiàn tā de zōng jì táng láng xíng dòng huǎn
发现它的踪迹。螳螂行动缓
màn zài bǔ shí liè wù de shí hou tā cháng
慢，在捕食猎物的时候，它常
cháng cǎi qǔ fú jī de fāng fǎ rán hòu yì jī
常采取伏击的方法，然后一击
bì shā
必杀。

神圣大鸟——黑颈鹤

hēi jǐng hè quán shēn chéng huī bái sè tóu dǐng pí fū chéng xuè hóng sè bìng yǒu xī
黑颈鹤全身呈灰白色，头顶皮肤呈血红色，并有稀
shū fà zhuàng yǔ chú yǎn hòu hé yǎn xià fāng yǒu bái sè huò huī bái sè bān wài tóu de qí tā
疏发状羽。除眼后和眼下方有白色或灰白色斑外，头的其他
bù fēn hé jǐng de shàng bù yuē chéng hēi sè gù chēng hēi jǐng hè hēi jǐng hè tǐ
部分和颈的上部约2/3呈黑色，故称黑颈鹤。黑颈鹤体
cháng lí mǐ lí mǐ zhòng qiān kè qiān kè tā de jǐng bù hé jiǎo dōu
长110厘米~120厘米，重4千克~6千克。它的颈部和脚都
hěn cháng hēi sè de jǐng yǔ xiàng yì tiáo hēi sī róng de wéi bó hóng sè luǒ lù de tóu dǐng
很长，黑色的颈羽像一条黑丝绒的围脖，红色裸露的头顶
zài hēi sè tóu bù de chèn tuō xià gèng jiā xiān yàn duó mù hǎo xiàng dài le yì
在黑色头部的衬托下更加鲜艳夺目，好像戴了一
dǐng hóng sè de mào zi jīn huáng sè de yǎn jing hòu
顶红色的帽子。金黄色的眼睛后
miàn zhuì zhe yí kuài bái bān hēi sè de chì bǎng hé wěi
面缀着一块白斑，黑色的翅膀和尾
yǔ chèn tuō zhe bái sè de tǐ yǔ rú tóng chuān le yì
羽衬托着白色的体羽，如同穿了一
shēn sè diào dàn yǎ de lǐ fú zài pèi shàng yì zhāng
身色调淡雅的礼服，再配上一张
jiān yìng rú záo de là huáng sè cháng huì hé yì shuāng
坚硬如凿的腊黄色长喙和一双
qī hēi de cháng jiǎo xiǎn de gé wài tǐng bá jùn měi
漆黑的长脚，显得格外挺拔俊美。

迷你档案馆

中文名：黑颈鹤
英文名：Black-necked Crane
类别：鸟类
科：鹤科
分布地：亚洲

hēi jǐng hè shì shì jiè shang wéi yī yì zhǒng shēng cháng fán zhí dōu zài gāo yuán de hè
黑颈鹤是世界上唯一一种生长、繁殖都在高原的鹤
lèi wéi zhōng guó suǒ tè yǒu de zhēn guì niǎo lèi hēi jǐng hè shì zàng zú rén mín xīn mù
类，为中国所特有的珍贵鸟类。黑颈鹤是藏族人民心目
zhōng de shén shèng dà niǎo yě shì shì jiè shang zhǒng hè zhōng bèi zuì wǎn jì lù dào de
中的神圣大鸟，也是世界上15种鹤中被最晚记录到的
yì zhǒng hè tā shì é guó tàn xiǎn jiā pǔ rè ěr wǎ ěr sī jī yú nián zài zhōng guó
一种鹤，它是俄国探险家普热尔瓦尔斯基于1876年在中国
qīng hǎi hú fā xiàn de hēi jǐng hè xià jì zài xī zàng fán zhí hòu dài dōng jì qiān zhì yún
青海湖发现的。黑颈鹤夏季在西藏繁殖后代，冬季迁至云
guì dì qū yuè dōng shǎo shù hái fēi yuè xǐ mǎ lā yǎ shān dào bù dān yuè dōng shì shì jiè
贵地区越冬，少数还飞越喜马拉雅山到不丹越冬，是世界
zhēn xī niǎo lèi zhī yī
珍稀鸟类之一。

凶猛威武的游隼

游隼作为一种凶猛的鸟类，雄鸟体长约40厘米，上体主要为灰蓝色，下体色白而缀有黑斑。它飞行迅速，俯冲时速度高达280千米/时。游隼善捕食野鸭，故亦称“鸭虎”，属于国家二级保护动物。飞机在飞行过程中需要驾驶员的精神高度集中，即使这样也会出现许多突发状况，一只小鸟就有可

中文名：游隼

英文名：Peregrine Falcon

类别：鸟类

科：隼科

分布地：世界性分布

能成为航空事故的“罪魁祸首”。为了避免机毁人亡的惨剧发生，保证航空线路的安全，机场上空“巡逻员”的角色赋予给了鸟类的天敌——游隼。

在经过艰苦的训练之后，游隼便开始正式上岗执行巡逻任务。当一群笑鸥出现在机场附近时，一只游隼立即被放出去执行任务。当英姿飒爽的游隼翱翔于蔚蓝的天际之时，那群笑鸥早已被吓得四处逃散了。游隼完成了任务，光荣凯旋，一只冻鹌鹑便是对它出色完成任务的犒赏。

游隼因凶猛、神威而成为鸟儿的克星，相信有了它的尽职尽责，航空飞行的突发事故将在很大程度上得到缓解。

游隼被称为动物界的“空中子弹”。

尾羽颀长的鼠鸟

shǔ niǎo céng jīng fēn bù fàn wéi jí guǎng zài yīng gé lán shǐ xīn shì de dì céng zhōng jiù
鼠鸟曾经分布范围极广，在英格兰始新世的地层中就
fā xiàn guo shǔ niǎo de huà shí dàn shì xiàn zài tā men jǐn fēn bù zài sā hā lā shā mò yǐ nán
发现过鼠鸟的化石。但是现在它们仅分布在撒哈拉沙漠以南
de fēi zhōu dà lù ér yǔ qí tā dà lù de niǎo lèi qīn yuán shèn yuǎn
的非洲大陆，而与其他大陆的鸟类亲缘甚远。

zhèng rú tā de míng zi shǔ niǎo zhǎng de yǒu xiē xiàng lǎo shǔ shǔ niǎo shì xiǎo xíng
正如它的名字，鼠鸟长得有些像老鼠。鼠鸟是小型
niǎo lèi tǐ yǔ chéng dàn huī sè huò dàn hè sè yǔ máo róu ruǎn péng sōng chéng máo fà
鸟类，体羽呈淡灰色或淡褐色，羽毛柔软蓬松，呈毛发
zhuàng tóu dǐng yǒu yí gè duǎn ér zhí de guān dà duō shù zhǒng lèi de jǐng dài chéng qiǎn lán
状，头顶有一个短而直的冠，大多数种类的颈带呈浅蓝
sè yǎn zhōu yǒu hóng sè huò lán sè pí fū fù yǔ yǒu de wéi dàn huáng sè yǒu de
色，眼周有红色或蓝色皮肤，腹羽有的为淡黄色，有的
wéi huī bái sè cí xióng shǔ niǎo wài xíng xiāng sì shǔ niǎo hái yǒu yì tiáo cháng wěi ba
为灰白色。雌雄鼠鸟外形相似。鼠鸟还有一条长尾巴，

gòu zào yǒu xiē xiàng fēng niǎo qí yǔ máo zhì gǎn hé pá xíng de dòng zuò dōu yǒu xiē xiàng lǎo
构造有些像蜂鸟，其羽毛质感和爬行的动作都有些像老
shǔ tā men de xíng dòng mǐn jié yǒu duǎn cū de huì zhuǎ zi zhǎng de yě hěn fēng lì
鼠。它们的行动敏捷，有短粗的喙，爪子长得也很锋利。

shǔ niǎo shè huì xìng qiáng xǐ ài qún jū hěn tān shí xǐ huan chī zhí wù de huā
鼠鸟社会性强，喜爱群居，很贪食，喜欢吃植物的花，
yá hé guǒ shí shǔ niǎo cháng xuán guà zài shù zhī shang yǒu shí shèn zhì shuāng tuǐ xuán guà zài
芽和果实。鼠鸟常悬挂在树枝上，有时甚至双腿悬挂在
bù tóng de shù zhī shang yǒu shí shǔ niǎo yòng wān qū de huì jǐn jǐn zhuā zhù shù zhī kě zài
不同的树枝上；有时鼠鸟用弯曲的喙紧紧抓住树枝，可在
shù shang pān yuán yì kě yòng hòu zhǐ wò zhù shù zhī dào xuán zài shù zhī shang bǎi dòng
树上攀缘，亦可用后趾握住树枝，倒悬在树枝上摆动。
shǔ niǎo yòng xiǎo shù zhī zuò cháo shàng miàn pū cǎo shǔ niǎo yì wō néng xià méi méi bái
鼠鸟用小树枝做巢，上面铺草。鼠鸟一窝能下2枚~7枚白
sè zhuì yǐ hè bān de dàn shǔ niǎo shuāng qīn gòng tóng fū luǎn
色缀以褐斑的蛋。鼠鸟双亲共同孵卵。

中文名：鼠鸟
英文名：Mouse Bird
类别：鸟类
科：鼠鸟科
分布地：非洲

色彩艳丽的粉红凤头鹦鹉

粉红凤头鹦鹉又名桃色凤头鹦鹉、粉红巴丹、贾拉凤头鹦鹉、桃色巴丹、贾拉巴丹，是澳洲分布最广的鹦鹉之一，在许多地区被视为农业害鸟，它们美丽的粉红色羽色十分迷人。

粉红凤头鹦鹉体长约35厘米，遍布于澳洲各地，是当地极为常见的鹦鹉。粉红凤头鹦鹉喜爱群居，常栖息在开阔的草地与林地、农作物区、都市、小镇等地，觅食时会散成一些较小的群体，通常在地上找寻水果、种子、核果、昆虫、嫩芽、浆果等。

生活在澳洲北部的粉红凤头鹦鹉的繁殖期在2月—7月，南部的则在7月—12月。在某些特殊情况下，

有些会与米契尔凤头鹦鹉及长嘴凤头鹦鹉进行杂交。红凤头鹦鹉利用树叶与小树枝在树洞内筑巢，并将巢穴筑的很近，一窝约产3枚~4枚蛋，雌雄鹦鹉轮流进行孵化，孵化期约30天，幼鸟在8星期后便可离巢。在过去50年间它们的数量迅速增加，估计总数量已超过五百万只。在野外，粉红凤头鹦鹉的数量非常多，经常对农作物造成相当大的危害。

中文名：粉红凤头鹦鹉

别名：玫瑰凤头鹦鹉

类别：鸟类

科：凤头鹦鹉科

分布地：澳洲

生性胆小的鸵鸟

鸵鸟是现存陆地上最大的鸟。鸵鸟虽然也被称为“鸟”，但是它们只会跑，不会飞。鸵鸟是跑得最快的鸟，它们在奔跑的时候，速度可以达到70千米/时。鸵鸟的脖子长而无毛、头小、脚有二趾，这是它最明显的特征。鸵鸟广泛地生活在非洲的草原和沙漠地带。

鸵鸟喜欢群居，白天活动。它们的嗅觉和听觉都很灵敏，在奔跑的时候以翅扇动相助。鸵鸟的腿粗壮有力，一般长1.3米左右。鸵鸟的脚趾下面有很厚的肉垫，这种带肉垫的脚趾是其他鸟类所没有的。这样的结构，使鸵鸟能在热带沙漠里尽情奔跑，却不会被热沙烫伤。

zài shā mò zhè yàng de è liè huán jìng zhōng tuó niǎo néng gòu shēng cún
在沙漠这样的恶劣环境中，鸵鸟能够生存
xia lai shì hěn bù róng yì de tā bú dàn yào duǒ bì tiān dí hái yào fáng yù zì rán zāi nàn
下来是很不容易的，它不但要躲避天敌还要防御自然灾难，
rú shā bào yí dòng shā qiū děng yīn cǐ tuó niǎo
如沙暴、移动沙丘等。因此鸵鸟
yí dàn shòu jīng huò fā xiàn dí qíng jiù xùn sù jiāng
一旦受惊或发现敌情，就迅速将
bó zi píng tiē zài dì miàn shang hǎo xiàng mái jìn shā zi
脖子平贴在地面上，好像埋进沙子
li yí yàng tuó niǎo zhè me zuò shí jì shang shì yì
里一样。鸵鸟这么做，实际上是一
zhǒng zì wǒ bǎo hù
种自我保护。

迷你档案馆

中文名：鸵鸟
英文名：Ostrich
类别：鸟类
科：鸵鸟
分布地：非洲

“澳洲鸵鸟”——鸸鹋

鸸鹋又称澳洲鸵鸟，是澳大利亚的象征动物之一。鸸鹋的体形和鸵鸟十分相似，但比鸵鸟要小，是现存世界上除了鸵鸟以外最大的鸟。鸸鹋是世界最大的陆地鸟，也是世界上最古老的鸟种之一，是鸟纲鹤鸵目鸸鹋科唯一残存种类。鸸鹋仅分布在澳大利亚，是澳大利亚的象征性动物之一。

鸸鹋的羽毛大多为灰色或褐色，体高约1.5米。它的喙又短又扁。翅膀已经退化，和鸵鸟一样无法飞翔，足上有三趾，鸸鹋的腿很长，善于奔跑，能以70千米/时的速度连续飞奔1小时之久。鸸鹋以野草、种子、果实等植物及昆虫、蜥蜴等小动物为食。

鸸鹋或成双入对，或三五成群，极少见有独行的。鸸鹋的成熟期长达3年，一只成年雌鸟只在每年的11月至第二年的4月产蛋，每次产7枚~15枚，而孵卵的责任由雄鸟来承担。在整个孵化期间，雄性在长达两个半月的时间内几乎不吃不喝，直到小鸸鹋破壳而出。雏鸟出壳后，仍由父亲照料近两个月。鸸鹋很友善，若不激怒它，它从不攻击人类。

鸸鹋特别的气管结构在繁殖期可发出巨大的隆隆声。

中文名：鸸鹋

英文名：Emu

类别：鸟类

科：鸸鹋科

分布地：澳洲

空中霸王——白头海雕

bái tóu hǎi diāo shì yì zhǒng dà xíng měng qín yě shì shì jiè shang wéi yī yì zhǒng yuán
白头海雕是一种大型猛禽，也是世界上唯一一种原
chǎn yú běi měi zhōu de diāo gù yòu chēng měi zhōu diāo měi guó rén xí guàn chēng qí wéi bái
产于北美洲的雕，故又称美洲雕。美国人习惯称其为白
tóu hǎi diāo bìng jiāng qí dìng wéi guó niǎo bái tóu hǎi diāo de tǐ yǔ wéi àn hè sè tóu
头海雕，并将其定为国鸟。白头海雕的体羽为暗褐色，头、
jǐng wěi zé wéi bái sè chéng nián hǎi diāo tǐ cháng mǐ zhòng qiān kè qiān
颈、尾则为白色。成年海雕体长1.2米，重5千克~10千
kè yì zhǎn dá mǐ duō píng jūn shòu mìng gèng shì cháng dá nián nián
克，翼展达2米多，平均寿命更是长达15年—20年。

bái tóu hǎi diāo yǒu zhe qiáng zhuàng de chì bǎng mǐn ruì de shì lì hé ruì lì de
白头海雕有着强壮的翅膀、敏锐的视力和锐利的
zhuǎ zi zhè xiē dōu shì tā xióng bà tiān kōng zuì lì hài de wǔ qì qiáng zhuàng de chì
爪子，这些都是它雄霸天空最厉害的武器。强壮的翅

中文名：白头海雕
英文名：The Bald Eagle
类别：鸟类
科：鹗鹰科
分布地：北美洲

bǎng shì tā áo xiáng tiān jì zuì dà fàn wéi
膀是它翱翔天际最大范围
sōu suǒ liè wù de qián tí mǐn ruì de shì
搜索猎物的前提；敏锐的视
lì shì tā fā xiàn mù biāo suǒ dìng liè wù
力是它发现目标、锁定猎物
de jī chǔ ruì lì de zhuǎ zi shì tā bǔ
的基础；锐利的爪子是它捕
zhuō liè wù fán yǎn shēng xī de bǎo zhàng
捉猎物、繁衍生息的保障。

bái tóu hǎi diāo xìng qíng xiōng měng qīn lüè xìng jiào qiáng tā jīng cháng duì qí tā niǎo
白头海雕性情凶猛，侵略性较强，它经常对其他鸟
lèi jìn xíng lüè duó tè bié shì yú yīng hè hé jiù zhè zhǒng bà dào de xíng wéi yě shǐ tā
类进行掠夺，特别是鱼鹰、鹤和鹫。这种霸道的行为也使它
dé dào le qiáng dào niǎo de chēng hào suī rán rú cǐ bái tóu hǎi diāo réng chēng de
得到了“强盗鸟”的称号。虽然如此，白头海雕仍称得
shàng shì yí wèi yōu xiù de liè shǒu dāng tā fā xiàn shuǐ zhōng yǒu yú shí zài suǒ dìng mù
上是一位优秀的猎手。当它发现水中有鱼时，在锁定目
biāo de tóng shí cóng shuǐ miàn shang yí lüè ér guò jiù zài zhè duǎn duǎn
标的同时从水面上一掠而过，就在这短短
de yí shùn jiān hǎi diāo ruì lì de zhuǎ zi yǐ
的一瞬间，海雕锐利的爪子已
jiāng yú zhuō zhù kě yǐ shuō bái tóu
将鱼捉住。可以说，白头
hǎi diāo yí xì liè de dòng zuò shì
海雕一系列的动作是
zhēn zhèng zuò dào le xīn
真正做到了心、
yǎn shǒu pèi hé de zuì
眼、手配合的最
jiā zhuàng tài
佳状态。

白头雕体形的大小随着年龄、
性别和生活区域的不同而不同。

图书在版编目(CIP)数据

趣味森林草原动物／崔钟雷主编. -- 长春：吉林美术出版社，2011.3（2015.5 重印）
（世界儿童经典爱读系列）
ISBN 978-7-5386-5313-7

Ⅰ. ①趣… Ⅱ. ①崔… Ⅲ. ①动物 - 儿童读物
Ⅳ. ①Q95-49

中国版本图书馆 CIP 数据核字（2011）第 028910 号

书　名：趣味森林草原动物

策　　划　钟　雷
主　　编　崔钟雷
副 主 编　刘志远　于　佳　张婷婷
出 版 人　石志刚
责任编辑　栾　云
装帧设计　稻草人工作室
开　　本　880mm × 1230mm　1/16
字　　数　100 千字
印　　张　7
版　　次　2015 年 5 月第 2 版
印　　次　2015 年 5 月第 2 次印刷

出　　版　吉林出版集团
　　　　　吉林美术出版社
发　　行　吉林美术出版社图书经理部
地　　址　长春市人民大街 4646 号
　　　　　邮编：130021
电　　话　图书经理部：0431-86037896
网　　址　www.jlmspress.com
印　　刷　三河市燕春印务有限公司

ISBN 978-7-5386-5313-7　　定价：29.80 元